助力城市绿色崛起

——济南市山体生态修复实践与探索

济南市城市园林绿化局　编

城市生态修复系列丛书

中国建筑工业出版社

助力城市绿色崛起
——济南市山体生态修复实践与探索

济南市城市园林绿化局 编

中国建筑工业出版社

城市生态修复系列丛书

编委会

前言

PREFACE

济南，南依泰山，北跨黄河，是山东省省会，国家历史文化名城，环渤海地区南翼的中心城市，素以“泉城”著称。山、泉、湖、河、城交融而生。山是济南的根，泉是济南的魂。

济南山体资源丰富，植物种类繁多。多年来，随着城市建设的不断发展，城郊的山体逐渐被融入城市之中，形成了山在城中，城在林中的城市新格局。但是，有些山体由于地质、历史等原因破损严重，岩石裸露，寸草不生，严重影响了城市风貌和生态质量。同时，由于缺乏绿化，缺乏基础设施，周边居民守着群山却无处休闲健身。

针对以上现状，为还青山于民，济南市委、市政府从2005年起，开始对城区部分破损山体进行治理。2014年，济南市政府办公厅下发《关于加快推进城区山体绿化工作的意见》，启动了山体绿化三年行动计划，对城区126座山体进行基础绿化，将具备条件的山体建成山体公园，打响了山体生态修复攻坚战。

山体修复及山体公园建设是济南市实施生态文明建设的重要举措，是"绿水青山就是金山银山"的具体实践，同时也是构建绿色生态屏障，防治大气污染，改善大气环境质量的重要内容，充分体现了市委、市政府心系民生，凝心聚力改善人居环境的决心。市相关部门按照全市工作部署，坚持“以人为本”、“因地制宜”的理念，多措并举，迅速行动。

为保证山体生态修复规范实施，市有关部门和单位深入研究了城市山体生态修复机理，生态工程技术的评估、集成、优化和管理方法，率先建成一批生态修复技术集成示范项目，集成山坡改造、增加植被，削坡排险、修建台阶，砌筑挡墙、加固护坡，开拓平台、修建广场，植物配置、提升景观等工程技术，推出水平阶、鱼鳞坑、渗透塘等地方工艺，打造出一个个各具特色的生态亮点。

截至 2016 年底，济南市共修复山体 70 余座，建成山体公园 26 处。建成后的山体公园，改善了区域生态环境，丰富了山体植被，修缮了破损道路，完善了山体道路系统，加强了与城市道路联通，新建了山体出入口和健身活动场地。2016 年年初，住建部将 2015 年度国内人居环境建设领域的最高荣誉奖项——中国人居环境范例奖授予济南市。这也是该奖项自 2001 年设立以来，唯一城市生态修复主题的获奖项目。

在下一步的城市规划中，济南市从更广阔的空间层面，以更长的历史视角来思考城市山体的发展定位，以期对山体进行全面的保护和修复。开展了“青山入城”山体景观规划研究，确立了“一保三控”（保护山体自然资源、控制山城天际轮廓线、控制观山廊道、控制山体周边建设）的山体景观控制体系。未来济南市将在更高层次上实现绿色崛起。

本书的编写，主要是总结近年来济南市在山体生态修复和山体公园建设方面的做法，以宣传生态文明、绿色发展理念，提升城市生态建设水平。希望本书能对国内城市在实施类似生态修复项目时提供参考和借鉴。

目录

CONTENTS

前言

1 理论篇

第1章 山体生态修复概述

2 实践篇

第2章 济南市城市山体生态修复实施概况

第3章 破损山体治理

第4章 山体公园建设

3 规划篇

1

理论篇 THEORY

随着我国经济社会的发展，生态建设意识逐渐增强，涉及山体、水体、绿地系统、棕地等城市生态修复的实践不断开展。其中，随着生态园林城市与海绵城市建设的开展，国内部分城市对山体生态修复的实践逐步深入开展，并产生了良好的经济、社会和生态环境效益。对山体较多的城市来说，山体生态修复不仅关系其生态安全，更关系城市长远的发展格局。本篇对山体生态修复理论进行研究和梳理，对指导山体生态修复实践具有重要的意义。

>>

>>

第1章

山体生态修复概述

随着经济社会的发展，人们对生态环境的认识和改造不断变化，对山体生态环境的认识和实践经历了不断拓展和完善的过程，山体生态修复的概念和内容也随之不断地丰富和完善。

1.1 生态修复

> 生态威胁是当今世界面临的严重威胁之一，而生态修复是解决当前全球自然生态、经济生态和人文生态退化等威胁的基本手段，并且孕育着巨大的研究和应用前景。它包括人类主导作用下的生态系统修复和自然主导下的生态修复，不仅包含对自然的生物多样性、生态系统的结构和功能的选择性修复，也包括对一定地域和时间尺度上人类的心理生态、社会生态、文化生态、经济生态的组成多样性、结构与功能过程的选择性修复与重建，具有自然性、经济性、人文性和选择性。[1]

1.1.1 概念

> 生态修复是从生态学的角度，对原有遭到破坏的生态系统进行一切实践活动的过程，理解和认识生态修复需要从生态学角度来阐述。生态学是研究生物体与环境相互关系的科学，自其诞生起，就一直关注着生态系统的变化，尤其是近百年来，随着人口剧增、人类大规模干扰环境、自然资源高强度开发等因素，造成生态系统退化，出现生态系统初级生产力下降、生物多样性减少或丧失、土地养分维护能力降低等问题。现实的需求促进了修复生态学的诞生，修复生态学研究起源于 100 年前的山地、草地、森林和野生生物等自然资源管理研究，其中 20 世纪初的水土保持、森林砍伐后再植的理论与方法等沿用至今。[2]

> 针对生态修复，不同专家、学者、研究人员从不同角度给予了阐释：

> 董世魁、刘世梁等认为，从恢复生态学角度来看，修复（Rehabilitation）是指去除干扰并使生态系统恢复到以前的状态，但不一定恢复到健康状态。周连碧、王琼等认为，生态修复相对于生态破坏而言，是为了加速已被破坏的生态系统的恢复，还可以辅助人工措施为生态系统的健康运转服务，而加速恢复则成为生态修复；在特定的区域、流域内，依靠生态系统本身自组织和自调控能力的单独作用，或依靠生态系统本身自组织和自调控能力与人工调控能力的复合作用，使部分或完全受损的生态系统恢复到相对健康的状态，生态修复应包括生态自然修复和人工修复两个部分。而日本学者多认为，生态修复是指外界力量使受损生态系统得到恢复、重建和改进（不一定是与原来的相同），这与欧美学者“生态恢复”概念的内涵类似。

> 近年来，有些研究者认为，生态修复的概念应包括生态恢复、重建和改建，其内涵大体上可以理解为，通过外界力量使受损（开挖占压、污染、全球气候变化、自然灾害等）生态系统得到恢复、重建或改建（不一定完全与原来相同）。我国的生态修复在外延上可以从四个层面理解：第一是污染环境的修复，即传统的环境生态修复工程概念；第二是大规模人为扰动和破坏生态系统（非污染生态系统）的修复，即开发建设项目的生态系统修复；

第三是大规模农林牧业生产活动的森林和草地生态系统的修复，即人口密集农牧业区的生态修复，相当于生态建设工程或生态工程；第四是小规模人类活动或完全由于自然原因造成的退化生态系统的修复，即人口分布稀少地区的生态自我修复，正在实施的水土保持生态修复工程及重要水源保护地、生态保护区的封禁管护均属于这一范畴。这四个层面的生态修复可能在同一较大区域并存或交叉出现。[3]

以上不同的研究者从不同的角度提出了生态修复的认识和概念，总结各种学科、实践来看，生态修复是对受损生态系统结构和功能的修复、重建过程。结合城市自身特点，城市生态系统是城市人类与周围生物和非生物环境相互作用而形成的一类具有一定功能的网络结构，也是人类在改造和适应自然环境的基础上建立起来的特殊的人工生态系统。城市生态修复是通过自然和人工的手段，重建已受到损害或退化的生态系统，恢复受损害生态系统到接近与它受干扰前的自然状况的过程。目的是恢复生态系统原有的保持水土、调节微气候、净化环境、维护生物多样性的生态功能，从而有计划、有步骤地修复被破坏的山体、河流、湿地、植被，逐步恢复城市自然生态。

1.1.2 实施内容

生态修复涵盖森林、海洋、盐碱地、道路边坡、矿山废弃地、水利工程、沙漠化等多领域的修复工程。仅从城市生态修复来看，开展城市生态修复工作，有助于转变城市发展方式，提升城市环境质量、人民生活质量和城市竞争力。概括来看，当前城市生态修复内容主要涉及山体修复、水体修复、绿地系统修复、棕地修复以及最新实践的海绵城市建设五大内容。当然，从广义上来看，城市生态修复还不只是这五个方面的内容，大气生态、文化生态等都属于生态修复的组成部分，本书主要从狭义的角度来概括，包括以下五个方面内容（图1-1）：

1. 山体修复

山体修复是依据山体自身条件及受损情况，对采石坑、凌空面、不稳定山体边坡和废石（土）堆等破损裸露山体，采用工程修复和生物修复方式，修复与地质地貌破坏相关的受损山体以及与动植物多样性保护和水源涵养相关的植被，进行综合改造提升，在保障安全和生态功能的基础上，充分发挥其经济效益和景观价值。主要包括排除隐患、植被修复、景观修复和功能提升等。

2. 水体修复

水体修复是针对水资源短缺、水体污染、城市内涝、区域性洪水、生物栖息地丧失等生态问题，坚持低影响开发理念，从“源头减排、过程控制、系统治理”入手，采用经济合理、技术可行的技术措施，实现修复城市水生态、改善城市水环境、涵养城市水资源、保障城市水安全等多重目标。主要包括恢复水体自然形态、提升自净能力、保护湿地系统、提升滨水景观、加强海绵城市建设和黑臭水体治理等。

3. 绿地系统修复

绿地系统修复应完善结构性生态绿地布局，通过建设绿色廊道，

1-1

合理增设公园绿地，恢复和建设自然型河道，提升和改善居住区和附属绿地，完善和建设生态化的公路、铁路防护绿地等，构建网络化的生态空间。主要包括：推进城乡一体绿地系统的规划建设，构建覆盖城乡的生态网络，提升绿色公共空间的连通性与服务效能；优化城市绿地系统布局，加大公园绿地、生态绿地、防护绿地等的建设，消除城市绿地系统不完整、破碎化等问题；推广立体绿化，竖向拓展城市生态空间；实施老旧公园提质改造，强化文化建园，提升综合服务功能。

> 4. 棕地修复

> 棕地修复是针对被弃置的工商业用地、市政用地以及其他用地。棕地修复应对其及周边区域进行环境修复，确保生态安全以及景观重建或再利用。主要包括土壤修复、植被恢复和棕地再利用等。对城市棕地进行修复有利于提高城市棕地的利用价值，降低棕地对生态环境带来的负面影响，改善城市的生态环境，同时根据修复可利用程度的不同，提高城市的土地利用价值，这对寸土寸金的城市用地具有重要的意义。

> 5. 海绵城市建设

> 系统开展城市江河、湖泊、湿地等水体生态修复，建设海绵城市的途径有：一是对城市原有生态体系的保护。最大限度地保护原有的河流、湖泊、湿地、坑塘、沟渠等水生态敏感区，留有足够的涵养水源。二是生态恢复与修复。对传统粗放式城市建设模式下，已经受到破坏的水体和其他自然环境，运用生态的手段进行修复和恢复，并维持一定比例的生态空间。三是低影响开发。按照对城市生态环境影响最低的开发建设理念，合理控制开发强度，在城市中保留足够的生态用地，控制城市不透水面积的比例，最大限度地减少对城市原有水生态环境的破坏，同时，根据需求适当开挖河湖沟渠、增加水域面积，促进雨水的积存、渗透和净化。海绵城市建设促进了生态文明建设的步伐。[4]

1.2 城市山体生态修复概念及内容

> 山体生态修复是生态修复的重要组成部分，更是山水型城市生态修复的关键，通过研究来看，大多是针对破损山体、矿山废弃地的生态修复等方面进行论述。以下将从山体生态修复的概念及内容进行介绍。

1.2.1 历史渊源

> “山川之美，古来共谈”。山水是有灵性的，人与自然的山水具有一体性，这也符合古代“天人合一”的思想。人类有着近山、亲水的本能需求，山水是生态环境中不可或缺的重要元素，同时也是最富吸引力的景观要素之一。同样，游山玩水也是古代一些文人雅

士的活动方式之一。春秋时期，孔子在《论语·雍也》中写道：“智者乐水，仁者乐山”，将厚重不移的山当作“仁者”形象，这种“山水比德”的理念，反映了儒家的道德感悟，影响并深深浸透在中国传统文化之中。而他“登东山而小鲁，登泰山而小天下”的阐述，又反映了巍巍高山给人带来的博大胸怀。在唐代，描写山的诗人更是不乏，杜甫在《望岳》中的“会当凌绝顶，一览众山小”，王之涣《登鹳雀楼》中的“白日依山尽，黄河入海流”，崔颢《舟行入剡》中写道“青山行不尽，绿水去何长”，而东晋陶渊明在《归园田居》中“种豆南山下，草盛豆苗稀”的田园思想，都彰显出“山水之乐”给文人雅士特有的清高品格和文化品位，其意义远远超出单纯的旅行或娱乐，同时也是今天“山水城市”、“田园城市”等理论的重要思想根源。

新中国成立初期，毛泽东同志就号召全国人民“绿化祖国”，实行“大地园林化”，把祖国变成大花园；为持续做好祖国绿化事业，邓小平同志提出“植树造林，绿化祖国，是建设社会主义、造福子孙后代的伟大事业，要坚持二十年，坚持一百年，要一代一代永远干下去”[5]，并反对盲目开荒和过量砍伐，认为其不利于环境保护，应该加以限制。为做好可持续发展，江泽民同志也提出：“必须切实保护环境和资源，不仅要安排好当代的发展，还要为子孙后代着想，绝不能吃祖宗饭，断子孙路，走浪费资源和走先污染、后治理的路子”；“修复”作为一项重大的政策方针是胡锦涛同志在十八大报告中正式提出的：“控制开发强度，调整空间结构，促进生产空间集约高效、生活空间宜居适度、生态空间山清水秀，给自然留下更多修复空间，给农业留下更多良田，给子孙后代留下天蓝、地绿、水净的美好家园”；而近来，习近平总书记在中央城市工作会议上提出“让城市融入大自然，让居民望得见山、看得见水、记得住乡愁”的生态理念更将城市山体生态修复上升到了新的高度。

1.2.2 概念

对于山体修复而言，研究者大多从工程措施、技术手段等对破损山体、矿山废弃地进行阐述，较为典型的有以下两种阐述。

周连碧、王琼等对矿山废弃地生态修复进行了系统阐述，认为：矿山废弃地生态修复是指将受损生态系统恢复到接近采矿前的自然状态，或重建成符合人类某种有益用途的状态，或恢复成与其周围环境（景观）相协调的其他状态。它强调的是一个动态过程，而不单是结果。几乎在所有的情况下，开采活动的干扰都超过了开采前生态系统的恢复力承受限度，若任由采矿废弃地依靠自然演替（Natural Succession）恢复，可能需要 100~10000 年。尤其是金属矿开采后的废弃地（如尾矿库），其表面形成极端的生态环境，自然条件下植物几乎无法定居。

沈烈风认为，对于山体修复而言，并不是要把破损山体修复到原有状态，而是修复自然植被、改善山体景观格局、改善生态环境、控制水土流失，从而使遭到破坏的自然生态系统得到恢复，植物群

1-2

图 1-2 良好的城市山体生态自然环境（红叶谷）

落实现良性的自我更新演替，发挥完善的生态功能。[6]

> 从学科角度来看，山体生态修复是一项系统工程，涉及山体所处的地质、地貌、水文、植被、土壤等因素，而且还需要岩石力学、生物学、土壤学、植物生理学、恢复生态学、园艺学、景观生态学等多个学科的共同参与和研究，具有多学科综合交叉的特点。

> 总结来看，山体生态修复并不是要把破损山体修复到原有状态，而是将破坏的山体在充分保障自然资源合理利用的基础上，通过生物措施、工程措施等手段，因地制宜、随形就势地恢复到所期望状态的行动和过程。通过修复，使山体遭到破坏的自然生态系统得到恢复，实现山体生态良性的自我更新演替，同时排除山体安全隐患，改善山体景观格局，保持水土，改善生态环境，提升山体的服务功能，发挥山体完善的生态功能。

> 从城市发展的角度来看，“绿水青山就是金山银山”，城市山体在保护生物多样性、维护城市生态平衡、改善城市小气候环境、保障城市生态安全等方面发挥着重要作用。实施城市山体生态修复，更要依据城市山体自身条件及受损情况，采用工程修复和生物修复等方式，修复与地质地貌破坏相关的受损山体以及与动植物多样性保护和水源涵养相关的植被，并进行综合改造提升，在保障安全和生态功能的基础上，充分发挥其经济社会效益和景观价值，提升城市人居环境（图 1-2）。

1.2.3 内容及技术方法

> 从修复的目的和过程来看，山体生态修复大致包括以下内容及技术方法：

> 1. 排除隐患

> 在山体生态修复中，排除隐患主要是针对破损山体存在的安全隐患、地质灾害隐患等，采取相应的工程措施，消除其存在的隐患，保障安全。根据破损山体地质资料和现场勘察情况，采取排险、固坡、加筑挡墙、裂缝注浆、回填种植土、绿化等措施，彻底消除破损山体滑坡、碎石崩塌等地质灾害隐患，提升治理区域环境。在工程中，对土层较薄的山顶坡面，可采用鱼鳞坑整地；山脚可采用自然石挡墙，设立防护沟；山腰断崖可采用分层台阶递进式修复。具体内容包括：

> （1）山体加固

> 山体加固技术包括修坡整形、边坡加固、台阶修建、客土回填、加筑挡墙等。

> 修坡整形：当破损山体形成的危岩、峭岩及陡坡不稳定，无法进行植被恢复时，采用人工或机械方式进行削减修整，使其平缓、稳固。

> 边坡加固：通过工程措施对深度开裂、岩石风化严重等边坡进行加固，同时兼顾自然景观、降水、土壤和植被条件等的协调性。

台阶修建：山腰断崖可采用分层台阶递进式修复，预防崩塌、滑坡、泥石流等灾害。

客土回填：针对坡面积较大，已造成断崖、陡坎等的破损山体，主要修复方式有整体客土（对治理场地进行同一标准的整体客土）和穴状客土（在治理场地内，以种植穴客土为主，辅以穴间客土）两种方式。

加筑挡墙：宜就地取材，用山石、土石、水泥浆等垒砌较低矮的挡土墙。

（2）场地整理

场地整理主要是进行土地平整，并清除灰渣、石块、废弃物等，有填土、挖高填低、挖低填高等方法。

填土：塌陷深度较小的凹坑、沉陷地，直接用土填平，尽量恢复为原地类。

挖高填低：将采矿废渣、废石、弃土等堆积土石或其他较高处挖出的土方，用于填平整治区内凹陷、沉陷、塌陷等较低的地方，恢复为原地类，达到整治区内渣尽坑平，实现土方量的自我平衡。

挖低填高：将凹陷、沉陷、塌陷等地进一步挖低，形成水塘、景观池、蓄水池等，用挖出的土填到需要填高的地方，修整成台地。

（3）修建排水系统

修建坡顶截水沟和竖向排水渠。在坡顶及坡面上汇水量较大的部位修筑截水沟和排水渠，将坡上汇水导引到坡底，避免降雨形成汇水头对坡面的冲刷。排水沟断面应满足山坡来洪（雨）水时的安全排放需要，并尽可能与生态治理区的排水系统相结合。

2. 植被修复

山体覆绿，涵养水源，有助于城市总体生态安全。在保护山体原有植被的基础上，对已经排除安全隐患的山体实施植被修复工程，进一步稳定边坡，控制水土流失，恢复自然生态环境。植被修复是通过工程技术手段和生物技术手段对破损山体进行修复，主要通过利用岩隙或开洞填土重建植被、岩面覆土重建植被等方式，修复山体植物，稳定边坡，控制水土流失，建立适合植物生长的基质环境，修复生态系统的结构与功能，从而达到生态系统的自我维持。按照因地制宜、造价经济、生物多样、造林与种草相结合、栽种乔灌树木与栽种藤本植物相结合、绿化覆盖与工程护坡相结合、绿化美化与景观造园相结合、营造生态林与营造经济林相结合等原则针对不同类型的裸露山体坡面进行生态修复。[7] 具体内容包括以下三项：

（1）土壤处理

采取合理的物理、化学、生物方法，去除盐分、重金属和富营养物，改良土壤本底，再施基肥、杀菌等，建立适合植物生长的基质环境，提高植物的成活率和生长速度。

（2）植被重建

岩石边坡可采用挂网客土喷播和草包技术；土质边坡可采用直接播种或植生带、植生垫等技术；土石混合边坡可采用普通喷播或穴栽灌木技术等。对于恢复植被有困难的边坡等，要充分利用现代科技手

1-3

图 1-3　城市山体景观风貌

段，采用适当的重建方法，达到植被重建、生态恢复的目的。

（3）植物配植

在保护山体原有植被的基础上，适当补植乡土植物和本地适生植物，恢复重建山体植被群落，实现植物对边坡岩体的自然锚固作用，有效减少山体的水土流失。植物栽植应乔、灌、草及地被植物合理搭配，既丰富植物景观层次、增大生态效益，又提高恢复区域的生物多样性；同时，要充分考虑季相变化和景观效果，并考虑休闲游览需求，种植观赏性强的植物。

3. 景观修复

结合城市山水基本格局，通过对山体要素的生态敏感性和景观视觉敏感性的分析，修复受损山体不良的视觉影响，恢复城市山体原有的脉络和形态。

山体景观修复是从城市山水格局的角度，分析城市山体要素的生态敏感性和景观视觉敏感性，系统修复城市山体景观，恢复城市山体原有的脉络和形态。通过客土回填、坡面修整、植被恢复等生态和人工措施，增加破损山体的景观异质性和多样性。从单个山体景观修复来看，重点在绿化、美化上下功夫，增加色叶树种的种植，打造景观优美、环境协调的景区节点，满足山体周边居民上山健身游玩的需求。从城市整体山体景观修复来看，还要严格做好规划和保护，控制城市开发建设对山体景观视廊的影响，充分地展现城市的山体风貌和景观风貌（图 1-3）。

4. 功能提升

功能提升是指在对破损山体进行生态修复并恢复其生态功能的同时，尽可能地发挥土地使用价值，将山体生态修复与土地整理、城市建设、改善居民生活条件相结合。如结合山体海绵工程建设，通过海绵山体渗、滞、蓄、净功能，将雨洪水渗入“地下天然水库”，充分发挥山体涵蓄水源的功能，同时结合山体修复，在不影响山体生态功能的前提下，开发建设山体公园，为周边群众提供休闲锻炼的服务功能。

1.2.4　城市山体生态修复的地位和意义

山是生态之基，既是整个城市生态的根基所在，又是重要的民生保障。中国传统文化中有着对山、水、大自然的敬畏，“劝君莫食三月鲫，万千鱼仔在腹中；劝君莫打三春鸟，子在巢中待母归；劝君莫食三春蛙，百千生命在腹中”等诗词 强调了对大自然要有敬畏之心，不允许“焚林而田，竭泽而渔”，体现了中国文化“天人合一”的思想，也是人与自然和谐发展的重要体现。

新中国成立以后，尤其是改革开放以来，随着生产力和生产方式的快速发展，人们加快了对大自然的利用和改造，在对人和大自然的关系上，过分强调“人定胜天”，人类开始大规模地向山林要资源。由于对山体资源的过度开发和利用，使山体资源遭到资源性破坏，引发了一系列地质灾害、自然灾害，如黄河沿线水土流失，部分地区由于山体破坏导致滑坡、泥石流灾害，以及草原荒漠化等。

随着山体破坏而导致的自然灾害的加剧，国家和社会开始意识到保护山体、修复山体，保持良好的山体生态环境的重要性，从而开始了一系列的生态修复之路，包括退耕还林、封山育林、修复破损山体等，通过各种方式来加强对山体的保护和治理。目前来看，各地在山体生态修复、破损山体治理及山体绿化实践等方面取得了重要的进展，同时在山体的功能提升，即充分保障生态环境的前提下，对山体进行“有限容量”的利用方面，也出现了较有示范的探索和实践。

随着我国城市化的快速发展，人口在城市的聚居急剧增长，良好的生态环境对城市的可持续发展变得越来越重要。城市山体是城市生态系统的重要组成部分，其好坏直接关系到整个生态系统的安全。通过对城市山体生态修复可以排除破损山体带来的安全隐患，修复山体景观，改善城市生态环境和人居环境，促进人与自然环境的融洽与协调，对保持各系统间的良性循环与平衡发展具有重要意义。同时，山体生态修复在维护城市水安全、自然生态安全、气候安全，确保自然物种生存，净化淡水等方面发挥着重要作用，在带来生态效益的同时，也带来了潜在的经济效益和社会效益。近年来，济南市持续进行的山体生态修复正诠释了这项工作的重要性。

济南市是山城交融的城市（图 1–4），由于地形条件的制约，城区靠山而建、临山而居的现象十分普遍，由于长期缺乏有效的管理，导致近郊无序开发。部分破损山体存在着极大的安全隐患，影响市民的生产、生活，由于山体涵养水源能力的降低，对泉水持续喷涌也造成了直接影响。从济南市整个城市来看，山体整体性、系统性、连续性差别很大。由于山城交融，多数城区山体由于边缘的开发建设，山体“边沟”空间被侵占，从而导致了山体洪水无处可泄，不仅给城市防汛带来了严峻的压力，也影响了山体“自然积存、自然渗透、自然净化”的功能，更是给整个城市的生态安全带来了严重威胁。

多年来，通过治理破损山体，以及在此基础上进行适度的山体公园建设等一系列生态修复工作，改善了城市生态环境，保护了山体生态资源，维护了城市生态安全，强化了泉水生态补给，促进了人与自然协调发展，有助于济南更好地留住绿水青山，恢复提升城市生态功能（图 1–5）。近期成立的南部山区管理委员会，无论是对纠正片区的无序开发，还是对山体资源的有效保护，都将起到重要的作用。

1.3　城市山体生态修复理论梳理

伴随着城市发展理念的不断更新和生态修复实践的不断探索，为城市山体生态修复提供了丰富的理论基础和实践基础。

图 1-4　济南市山城交融

1-4

1.3.1　宏观层面

> 宏观层面的城市山体生态修复主要是以城市发展模式理论为指导。在城市人与自然和谐发展的探索过程中，国际、国内从理论到实践提出了诸如“田园城市”、“花园城市”、“绿色城市”、“森林城市”、“园林城市”、“仿生城市”、“生态城市”、“山水城市”等等。[8] 其中，生态城市、山水城市、园林城市以及后来发展的生态园林城市成为山体生态修复在城市发展模式理论上的重要支撑。

> 1. 生态城市

> “生态城市”这一概念，最早是由联合国教科文组织（UNESCO）在“人与生物圈（MBA）计划”中提出的，它强调实现城市生态的良性循环和人居环境的持续改善，达到人与人、人与自然、自然与自然的充分和谐。华东师范大学环境科学系宋永易教授等将生态城市定义为：环境清洁优美，生活健康舒适，人尽其才，物尽其用，地尽其利，人和自然协调发展，生态良性循环的城市。[9] 张影轩认为，城市的人口、用地规模及其活动强度保持在城市所处区域的资源环境承载能力之内，并对区域生态系统的结构、功能和过程不构成累积性或不可恢复性的干扰和破坏的城市就是生态城市。[10]

> 生态城市是应用生态学原理和现代科学技术手段来协调城市、社会、经济、工程等人工生态系统与自然生态系统之间的关系，以提高人类对城市生态系统的自我调节与发展的能力，使社会、经济、自然复合生态系统结构合理，功能协调，物质、能量、信息高效利用，生态良性循环。核心是城市环境及其生产、生活方式的“生态化”。

> 2. 园林城市

> 园林城市追求的是城市的自然化，其中，“居城市须有山林之乐”是园林城市的本质。“园林城市”这一概念源于 19 世纪末英国社会活动家霍华德提出的“田园城市”理论，旨在促进城市的可持续发展，创造人与自然和谐的环境。园林城市是以一定量的绿化作为基本的有机纽带，艺术化地组织和构造城市空间的各个基本要素，紧密结合城市发展，适应城市需要，顺应人们需求，以整个城市辖区为载体，实现全面园林化的城市。我国从 1992 年起正式开展“园林城市”的评选活动，制定了十大标准，并将绿化覆盖率、绿地率和人均公共绿地面积设定为评选国家园林城市的基本指标。园林城市的建设强调整体规划、景观容貌、绿地建设、生态建设等方面的内容。[11]

> 3. 山水城市 [12]

> 山水城市的构想，最早是钱学森教授在 1990 年给清华大学吴良镛教授的信中首先提出来的，“能不能把中国的山水诗词、中国古典园林建筑和中国的山水画融合在一起，创造山水城市的概念”。之后他又提出“把整个城市建设成为一座超大型园林城市”。钱先生

的主张得到有关方面专家和各层领导人的积极响应，在全国范围内开展了在理论上和实践上规模空前的积极探索，目前已经形成较为完整的理论体系，并且数十个城市将其确定为城市发展的方向，在国际城市建设、规划、园林、建筑、环保诸领域形成了广泛而深远的影响。

> 山水城市的核心是：“尊重自然生态，尊重历史文化；重视现代科技，重视环境艺术；为了人民大众，面向未来发展。”主要包含以下几层内涵：其一，山水城市是园林化城市。它重视对城市自然山水的处理，强调园林景观、城市特色的塑造，强调城市的东方文化内涵和艺术品位。其二，山水城市是可持续发展城市。它重视环境建设，

1-5

图 1-5 生态良好的山体公园（红叶谷）

并注意与环境相适应，强调在环境系统自然参数的制约下健康持续发展。其三，山水城市是生态城市，是按照生态学原理建立的高效和谐的新型城市，核心是建设城市—经济—自然构成的有机结合的复合生态城市。其四，山水城市是人居城市，城市的一切开发建设均以人的心理为参考系，切实保障历史文化的延续。其五，山水城市是高技术城市，它强调对高新技术的应用。“城市是科学的艺术和艺术的科学”，高新技术的应用是实现山水城市“高效、低耗、节能”要求的保证。

山水城市绝不能误解为有山、有水才是“山水城市”。山水城市的核心是如何处理好城市和自然的关系，是对生态城市的形象表达，同时突破了通常理解的“生态”范围，而包括了历史文化，不仅追求自然美，还追求人文美，即包含了更广泛、更深邃的内涵。因为人们对生活环境的要求，不仅有生理上的要求，还有精神、文化方面的需求；要有良好的生态环境，还要有完美的文态环境；不仅要求人与自然协调，而且还要人和社会的协调。

专栏 1-1　山水城市代表着城市经济和社会发展的方向

第一，山水城市强调良好的城市环境、生态对生产力水平的推动作用。实施城建带动策略，将城市形象转化为现实生产力是加速经济发展、加速城镇化和现代化进程的必由之路。

第二，山水城市体现着未来城市文化发展的方向。山水城市建设既是一种物质生产活动，又是一种精神文化活动。城市文化是城市建设之魂，它与唐诗宋词、金石书画一样，承载着我们这个文明古国的灿烂与辉煌。山水城市建设就是要继承和发展民族的城市文化。山水城市的建设品位，折射着城市内在文化的延续。开发城市民族的先进文化艺术，提高城市品位，树立城市“品牌”，是山水城市建设和发展的核心内容。

第三，山水城市具有深刻的人民性观念。“把古代帝王所享受的建筑、园林，让现代的居民百姓享受到”是山水城市的出发点。山水城市“以人为本”的思想，就是以最广大的人民群众为本，就是营造高质量的公共城市空间，维系一个全体市民健康生活和正常工作的生态环境。

4. 生态园林城市

在高楼林立和现代文明的喧嚣中，人们开始向往回归自然，城市园林建设也逐步从单一的造园，转变到“山水园林”乃至“森林城市”、“生态园林城市”的建设。生态园林城市是一个理性与感性、科学与艺术的完美组合，具有“生态城市”的科学因素和“园林城市”的美学和文化感受，赋予人们健康的生活环境和审美意境。

从生态园林城市的发展历程和住建部的标准要求来看，生态园林城市可以定义为“人工生态与自然生态相协调，人文景观与自然景观和谐融通，并形成独特的城市自然、人文景观，具有优良的城市自然、经济、社会生态体系和优美的人居生活环境的城市”。它具有以下四个特征：

一是城市空间环境生态化，强调城市内部空间环境生态化、自然的保护、城市与区域的协调发展，突出生态系统的支撑力。强调生态系统固碳减排、净化空气、调节气候、保持水土、涵养水源、防风减灾以及美化环境、休憩旅游、保护文物等综合功能。

二是文化性，强调城市人文景观和自然景观的和谐融通。现代生态园林城市既要满足城市居民对生活环境的需要，又要继承历史传统文化，结合城市的历史背景及民俗文化风情，形成具有特定历史文化氛围的现代城市绿色环境，实现两者间的和谐。人类渴望自然，城市呼唤绿色，园林绿化发展就应该以人为本，充分认识和确定人的主体地位和人与环境的双向互动关系，强调把关心人、尊重人的宗旨具体体现在城市园林的创造中，满足人们休闲、游憩和观赏的需要，使园林、城市、人三者之间相互依存、融为一体。

三是人居舒适性，强调城市各项基础设施的完善。

四是经济社会生态化，强调节能减排、循环经济、绿色生产，全民参与城市生态环境建设。总体来看，生态园林城市不仅强调城市内部空间环境的生态化，还强调城市自然生态的景观化、人文化，而山体生态修复在生态园林城市创建过程中，强调城市山体人文景观和自然景观的和谐融通，赋山体以文化内涵。

5. 精明增长

城市精明增长理念，于 20 世纪 90 年代在美国逐步发展并形成较为完善的理论体系，对美国当代城市的发展产生了深远的影响。精明增长的核心内涵侧重于城市的发展质量的提高和内涵的提升，也就是推动城市发展由外延扩张式向内涵提升式转变。

美国城市精明增长理念的核心是强调生态伦理，促进城市紧凑集约型发展和混合式用地，有效利用土地资源以防止城市蔓延，保护基本农田、绿地和自然环境，合理投入资金，重视产城融合、职住平衡和邻里空间，着力推进大容量公共交通引导城市发展，在城市发展的同时注重提高人们的生活质量。通俗地讲，即节制人们对资源、空间和能源的过度占有。通过美国对精明增长理念的实践，有效地遏制了城市蔓延，保护了土地和生态环境。

1.3.2 中观层面

1. 设计尊重自然

随着人口增加和工业化发展，以及人类对地球上各类资源的过度利用，致使全球的污染不断扩张，环境恶化的速度不断加快，继而引发了一系列快速发展和生态环境的不协调问题，并对人类的生命健康和社会的可持续发展构成了极大威胁。

美国海洋生物学家蕾切尔·卡逊（R.Carson）1962 年出版的《寂静的春天》标志着环境生态学及近代环境学的诞生。1969 年伊恩·伦诺克斯·麦克哈格（IanLennoxMcHaig）《设计结合自然》的问世，首次明确将生态学思想运用到景观设计中，提出了“设计尊重自然”，把生态学与景观设计融合起来，开创了景观生态设计的新时代。随着生活水平和生活质量的提高，人们也由单纯追求温饱的物质生活演变到要求生态和谐的居住环境，并逐渐认识到环境保护的重要性。如何整治日趋恶化的生态环境，防止自然生态系统的退化，恢复和重建已经受害的生态系统，已经成为 21 世纪人类共同关注的热门话题。[13]

2. 自我设计理论

自我设计理论强调生态系统的自我恢复，认为在足够的时间内，随着时间进程，退化生态系统将根据环境条件合理地组织并会最终改变其成分。该理论的实质是强调生态系统的自然恢复过程，从生态系统层次考虑生态恢复的整体性，但是未考虑种子库的情况，其恢复的结果只能是环境决定的群落。

3. 人为设计理论

人为设计理论强调通过人工措施来加快恢复生态系统。人为设计理论认为通过科学工程和其他措施可以恢复退化的生态系统，但恢复类型可能是多样的（人为恢复演替）。这一理论把物种的生活史作为群落（尤其是植物群落）恢复的重要因子，并认为通过调整物种生活史的方法可以加快群落的恢复。

虽然自我设计和人为设计两个理论提出的时间不长，但作为恢复生态学的经典理论已在生态恢复实践中得到了广泛应用。

自我设计与人为设计理论（Self-design versus Design Theory）是恢复生态学的重要理论。自我设计理论认为，只要有足够的时间，随着时间的进程，退化生态系统将根据环境条件合理地组织自己，并会最终改变其组成部分。而人为设计理论认为，通过工程方法和植物重建可直接恢复退化的生态系统，但恢复的类型可能是多样的。

4. 低环境影响[14]

人类在环境与发展关系处理上经历了“或（or）”、“与（and）”、“合（in）”认识的三个飞跃。环境与发展都是生态系统连续统一的有机组成部分而不是平行关系，必须融环境于发展之中，变“与”为“合”，通过生态系统管理来解决问题。低环境影响是通过尊重和理解自然，使城市建设活动对自然环境系统的负面影响减至最小，借助人和自然的协同作用，寻求人与自然的最大共同利益和和谐发展。

5. 低影响开发雨水系统构建[15]

低影响开发雨水系统构建是指城市能够像海绵一样，在适应环境变化和应对自然灾害等方面具有良好的“弹性”，下雨时吸水、蓄水、渗水、净水，需要时将蓄存的水“释放”并加以利用，从而让水在城市中的迁移活动更加“自然”。

1.3.3 微观层面

山体生态修复主要以生态学理论为基础，在理论上主要以恢复生态学为基础。恢复生态学是一门在 20 世纪 80 年代得到有力发展的现代生态学分支。恢复生态学应用了许多学科的理论，但应用最多、最广泛的还是生态学理论。这些理论主要有：

1. 限制因子原理

生态因子是指环境中对生物生长、发育、生殖、行为和分布有直接或间接影响的环境因素，如温度、湿度、食物、O_2、CO_2 和其他相关生物等。生物的存在和繁殖依赖于各种生态因子的综合作用，其中限制生物生存和繁殖的关键性因子就是限制因子。任何一种生态因子只要接近或超过生物的耐受范围，它就会成为这种生物的限制因子。系统的生态限制因子强烈地制约着系统的发展，在系统的发展过程中往往同时有多个因子起限制作用，并且因子之间也存在相互作用。当一个生态系统被破坏之后，要进行恢复需要许多因子的制约，如水分、土壤、温度、光照等，生态恢复工程就是从多方面进行生态环境和生物种群的设计与改造。因此，在进行生态恢复时必须找出该关键因子，找准切入点，才能进行恢复工作。

2. 生态适应性原理

在与环境长期协同进化的过程中，生物对生态环境产生了生态上的依赖，其生长发育对环境就有所要求，即产生了对光、热、温度、水分、土壤等方面的依赖性，如果生态环境发生明显变化，生物就不能较好地生长。因此，种植植物必须考虑其生态适应性，让最适宜的植物生长在最适宜的环境中。生态恢复应该尽量使用当地物种，因为当地物种是经过长期与环境协同进化而来的。

在进行山体生态修复之前，要首先调查恢复区的野生植物资源以及自然生长条件，如气候、土壤、光照、温度等，然后根据生态环境因子来选择适合的生物种类，找出与当地环境相适宜的物种，使生物种类与环境条件相适宜。

3. 生态位理论

生态位可被表述为：生物完成其正常生命周期所表现出的对特定因子的综合位置，即用某一生物的每一个生态因子为一维，以生物对生态因子的综合适应性为指标构成的超几何空间。在自然生态学中，主要指一个种群在时间、空间上的位置及其与相关种群之间的功能关系。在恢复生态工程中，要避免引进生态位相同的物种，即尽可能使各物种的生态位错开，避免种群间的直接竞争，保证群落的稳定。

4. 生物群落演替理论

生物群落演替理论认为，在自然条件下，原有植物群落遭到破坏后，还是能够恢复的，尽管恢复时间有长短。演替有原生演替和次生演替两种基本类型，发生哪一种类型的演替由演替过程开始时的土壤条件所决定。无论是原生演替还是次生演替，都可以通过人为手段加以调控，从而改变演替速度或方向。

恢复生态工程是在生态建设服从于自然规律和社会需求的前提下，在群落演替理论指导下，通过物理、化学、生物的技术手段，控制待恢复生态系统的演替过程和发展方向，恢复或重建生态系统的结构和功能，并使系统达到自然维持状态。

5. 生物多样性原理

生物多样性是指生命形式的多样化，各种生命形式之间及其与环境之间的多种相互作用，以及各种生物群落、生态系统及其生境与生态过程的复杂性，一般来讲，生物多样性包括遗传多样性、物种多样性、生态系统与景观多样性。

> 生态恢复中的一个关键成分是生物体，生物多样性在生态恢复计划、项目实施和评估过程中具有重要作用。在生态恢复的计划阶段就要考虑恢复乡土物种的生物多样性：在遗传层次上考虑那些温度适应型、土壤适应型和抗干扰适应型的品种；在物种层次上，根据退化程度选择阳生性、中生性或阴生性种类并合理搭配，同时考虑物种与生境的复杂关系，预测自然的变化，种群的遗传特性，影响种群存活、繁殖和更新的因素，种的生态生物学特性，足够的生境大小；在生态系统水平层次上，尽可能恢复生态系统的结构和功能（如植物、动物和微生物及其之间的联系），尤其是其时空变化。

1.4 城市山体生态修复类型

> 伴随着城市生态修复实践的不断探索和发展，城市山体生态修复处于不断深化和完善的过程中，根据当前研究来看，其类型和内容主要有以下几个方面：

1.4.1 按照修复对象的不同来划分

> 根据不同立地条件、修复工程量和侧重点的不同，破损山体生态修复主要包括如下几种类型：

> 1. 矿山废弃地山体生态修复

> 矿山废弃地是世界上最早引起关注的破损山体。一般矿山废弃地的形成时间比较长，历史悠久，改造的难度比较大，矿山对山体的破坏尤其严重，有些地区将山体掏空，造成塌方、泥石流等灾害，不仅破坏了自然环境，而且对人民的生命财产造成严重威胁。

> 采石场是现代大量破损山体形成的主要类型之一。随着城乡建设的快速发展，建筑行业对石材的需求与日俱增，这使得采石场的数量和规模迅速扩大。大规模的石材挖掘后，生态修复工作没有及时跟进，导致采石场周边的生态环境遭到严重破坏，出现水土流失、泥石流、滑坡、河道堵塞等生态问题。采石场相对于矿山来说，破坏面一般比较简单，多为对山体的垂直开采，造成宽阔而垂直的悬崖、峭壁。堆积物多为碎石和塌方的山土。矿石开采造成的山体破损已成为目前国内外破损山体的主要类型之一。

> 2. 道路边坡山体生态修复

> 近年来，我国在铁路和高速公路等交通建设方面取得了很大的进展，由此推动了经济的快速发展。但是在铁路、公路交通日益便利和快捷的同时，由于修路导致的沿途山体破坏的数量也在迅速增加，修路所造成的破损山体，直接威胁到道路两旁人民的生活、生产安全。

> 进入 21 世纪以来，我国在公路、铁路方面的建设呈现出快速发展和大规模建设的局面，导致每年新增加裸露山体约 3 亿 m^2，并且呈线性分布，影响面大，已成为我国新的水土流失源。所以，对道路

1–6

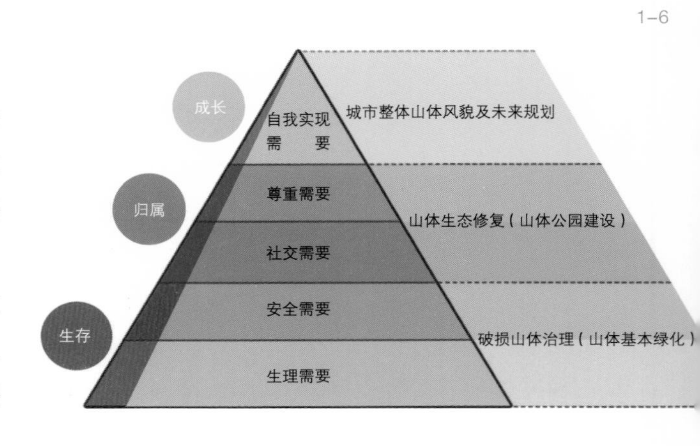

边坡的整治已经刻不容缓。目前，公路、铁路两边最近处的破损山体常用挂网、喷浆、喷播草皮、栽植攀缘植物等措施进行固定和绿化，并且在高速公路坡面处理方面，已经形成了专业公司和施工机械，基本实现了通路与坡面固定和绿化同步完成。但是对于距路面较远一侧，由于施工难度、资金缺乏等多种原因，往往在道路通车数年后植被依然没有恢复。

> 从道路破损边坡的立地条件来看，一般分为土质边坡和石质边坡。土质边坡应先保证边坡的稳定性，然后采用种树、种草或者“喷草 + 栽乔、灌木”等措施恢复植被，对于土质边坡的修复技术已经比较成熟。国内对石质边坡实施生态防护始于 20 世纪 80 年代中期，80 年代后期得到了迅速发展。石质边坡的修复相对较为复杂，因石质边坡一般缺少植被生长所必需的土壤条件和养分条件。

> 3. 城区山体生态修复

> 随着城市化进程的不断加快，很多之前在城郊的采石场等矿区，逐步进入了城市规划区和建成区的范围。另外，有些山体城市，由于公路和市政建设，也产生了一些破损山体。破损山体已经对城市环境安全和生态景观产生了较大的影响。所以在进行城区破损山体修复时，不仅要进行破损整治，还要与景观视觉效果紧密结合。

> 城区内的山体修复必须满足城市公园建设的要求。滑坡整治后的绿化恢复工程，需创建出具有特色和艺术层次的植物景观，并要保持生物多样性，确保植物群落的稳定性。

1.4.2　按照修复方式的不同实现目的来划分

> 结合马斯洛的需求层次理论来看，山体生态修复，尤其是城市山体生态修复，除满足基本的安全需求和景观需求外，还要满足更高层次的为人、为城市发展服务的需求（图 1–6），根据这些实现目的的不同，划分为以下两种类型的修复方式：

> 1. 山体基本绿化

> 通过植被修复，恢复山体的绿化功能，不对山体进行其他用途的开发建设或功能建设。通过修复来保持水土、排除隐患、恢复景观。这个层面的山体生态修复主要侧重于对破损山体的治理，尤其是远离密集居住区的郊外、野外山体，其修复目的较为单一，修复手段主要局限在破损山体治理及山体基本绿化这个层面，主要是为了从保障人类安全的层面对山体进行修复，还没有提升到更高的服务层面。例如对黄河沿岸滥砍滥伐山体的修复，其生态修复的目的主要是保持水土、防止水土流失。抑或是对山体排除隐患、恢复景观，不对山体进行其他用途的利用或开发。

> 2. 山体公园建设

> 绿化提升是除山体基本绿化，恢复山体基本的生态环境效益外，进行多方位的功能提升，包括山体公园建设、旅游景区建设等，实现山体更高的服务功能。通过对山体的绿化建设，

坚持做到修路上山、引水上山和客土上山，采取多树种、多色彩的山体景观建设思路，因地制宜，使山体绿化真正成为城市的背景色。同时，休闲设施、登山路径、山地广场等基础服务设施的建设，为广大城市居民提供更好的休憩、健身、文化娱乐场所（图 1–7）。部分山体公园在建设中因地制宜，通过融入海绵城市建设的理念，使山体发挥“渗、滞、蓄、净、用、排”的功能，为城市的生态安全服务。

1.5　修复原则和目标

> 对于山体生态修复，主要以系统性的思维来确定其原则和目标。

1.5.1　山体生态修复的基本原则

> 城市山体生态修复在实施工程中，需要做好统筹规划，全面科学地实施修复工程，其中需要坚持以下基本原则：

> 1. 坚持自然恢复为主、人工恢复为辅，推进自然生态系统保护与修复

> 山体修复应坚持尊重自然规律，减少人为因素对城市生态环境的影响，树立保护就是修复的理念，严格实行“绿线”控制和保护制度，做好生态红线划定，推进自然生态系统的保护与修复，在“保护优先”的前提下，对破损山体进行修复，采取自然恢复为主、人工修复为辅的方法，将生物措施和工程措施相结合，构建植物合理的群落，恢复城市生态功能，促进生态与社会和谐发展。

> 2. 坚持规划引领，系统指导山体生态修复工作

> 充分发挥规划的控制和引导作用，根据山体资源禀赋、环境容量、综合承载力等刚性约束条件，做好山体保护、山体风貌专项规划以及山景标志区规划等山体修复专项规划，严格划定城市山体生态空间保护范围，控制山体开发强度，控制保护城市天际线，保护和拓宽视线通廊。通过生态评估，制定工作方案和近远期行动计划，确定工作目标，分区施策、分步实施，有针对性地采取保护和修复措施。

专栏 1–2

>> 在城市生态安全格局框架下，最大限度地保护城市原有的山体自然生态资源，加强重点区域山体生态修复，将山体生态保护与修复内容纳入城市总体规划、专项规划、详细规划和城市设计。

>> （1）总体规划

>> 应合理划定“三区四线”（禁止建设区、限制建设区、适宜建设区以及蓝线、绿线、黄线、紫线），明确城市山体开发边界，明确生态系统中的重要元素、空间位置和相互关系，高效集约利用土地，提倡集约型开发模式，保障城市生态空间完整。

>> （2）专项规划

>> 明确山体生态修复的内容、范围和路径。山体与水体、绿地等专项规划，应统筹协调、协同推进、协同审批、协同实施，确保城市生态修复工作的系统推进。

>> （3）详细规划

>> 落实城市总体规划确定的城市生态保护和修复要求，因地制宜划

1–7

定城市生态修复区域，明确生态修复内容，确定生态控制指标，并将指标纳入地块控制体系中，指导下层级规划设计和地块出让与开发。

>> （4）城市设计

>> 对城市山水格局、视线通廊、整体空间形态、街区开放空间、重要界面建筑风貌等内容进行管控引导。利用城市道路、水系、绿地等开敞空间，构建城市通风廊道、视觉廊道，显山露水，保护山水格局的完整性。严格控制城市整体天际轮廓线及滨河、临山等重要景观界面的空间形态及天际线。

> 3. 坚持因地制宜，有序实现山体生态修复

> 山体生态修复要因地制宜，根据山体破坏的不同程度、不同类型、不同空间等划分出自然修复区、加强保护区、一般修复治理区、亟须修复治理区、亟待治理的典型山体等不同类型。根据不同类型山体采取不同的治理措施，利用山体自然地貌，合理进行植被修复造景，与自然和历史文化相融合，通过科学的生态治理措施，有效美化环境，恢复和维护山体生态环境，实现山体治理与景观文化的完美结合。

专栏 1-3　不同类型山体生态修复思考[16]

>> （1）自然修复区

>> 主要针对退化 / 破坏程度较轻和自我恢复能力较强的生态系统，且其所需自我修复的时间也较短。

>> （2）加强保护区

>> 对破坏山体造成的生态环境问题较轻，为避免产生新的生态环境问题，采取加强保护的措施。

>> （3）一般修复治理区

>> 主要针对因开采造成的土地破坏、植被破坏、水土流失、废弃物堆积等生态环境问题，采取一定的措施进行修复，修复时序可适当延后。

>> （4）亟须修复治理区

>> 主要为生产矿山，山区矿山开采造成严重的生态环境破坏，且存在着地质灾害隐患等不良的后果，近期亟须采取措施进行修复。

>> （5）亟待治理的典型山体

>> 主要针对造成了地面塌陷、山体滑坡、泥石流、地下水污染等严重的地质灾害和生态问题，亟待修复治理。

> 4. 坚持系统谋划，实现山体生态修复多元化目标

> 坚持城市及其依存的自然要素是一个生命共同体的理念，兼顾自然生态各要素，包括上游下游、地上地下等，增强城市生态空间的整体性和连续性，统筹考虑各类城市生态修

复项目，针对不同生态问题和修复目标，统一规划、统一部署、统一实施；系统制定山体修复的目标，科学制定山体生态修复方案和技术方法，实现山体涵养水源、文化、娱乐休闲等多元化目标。

5. 坚持政府引导、社会参与，实现共同治理

让更多的市民百姓来参与管理城市，真正实现城市共治共管、共建共享；更多地鼓励市民和社会组织参与到城镇化治理中来，才能切实提升城市的管理和运营水平。在山体生态修复中，要充分发挥政府的调控引导作用和社会公众的参与作用。通过政府引导，充分吸纳公众意见和建议，并将其应用到山体生态修复中；加大政策支持力度，积极推广政府和社会资本合作（PPP）、特许经营等模式，吸引社会资本广泛参与城市生态修复工作。

1-8

1.5.2 山体生态修复的目标

通过开展城市山体生态修复工作，保护现有城市山体生态空间，不断保护优化城市生态空间，恢复提升城市生态功能，让城市再现绿水青山，努力实现“显山露水”的独特城市生态格局，改善城市生态环境，提高城市宜居性，促进城市可持续发展。

1. 构建安全的城市生态格局

实施生态修复是一个让生态系统得以朝着良性方向恢复、由失衡走向平衡的过程，通过实施破损山体治理、山体海绵城市建设等山体生态修复工程，改善城市现阶段山体绿地退化、物种多样性消失、水土流失严重、洪涝灾害频发、热岛效应等生态危机，加快生态系统恢复并向良好循环方向发展，使遭到破坏的自然生态系统逐步得以恢复，促进自然生态与人类社会的和谐，构建安全的城市生态格局。通过山体生态修复，构建一道山体绿色生态保护屏障，降低粉尘、雾霾对环境的影响。森林可以阻滞扬尘、截留粉尘，绿化覆盖率每增加 10%，可使空气中 PM10 含量降低 3% 左右，总悬浮颗粒物（TSP）下降 15%~20%。森林，在京津冀防治大气污染攻坚战中扮演着重要角色[17]。

2. 保护城市生物多样性

随着人类活动加剧，人类对自然环境的过度开发利用破坏了原有的生态平衡和生物多样性，从而威胁生态系统。生物多样性是地球生命经过几十亿年发展进化的结果，生物多样性维护了自然界的生态平衡，并为人类的生存提供了良好的环境条件[18]。城市山体是城市绿地系统的重要组成部分，是承担城市生物多样性的重要载体，通过山体生态修复，恢复城市物种的多样化，保护现有物种、珍稀物种及濒危物种，维护城市自然界的生态平衡，从而为人类生产、生活提供良好的环境条件。

3. 提升城市山体的服务功能

通过山体修复，探索山体的多元利用模式，发挥其经济效益和景观价值，改善周边居民生活环境，提升对城市经济、政治、文化、社会发展的服务功能。完善山体公园规划设计，因地制宜进行山体绿化提升和山体公园建设，栽植各类苗木，修建游览步道、休憩平台等基础设施和服务设施，深入挖掘文化内涵，建设生态、景观、服务、文

图 1-8 融生态、景观等多种功能于一体的山体公园

化等多种功能于一体的山体公园，全面提升城市宜居、宜业、宜游水平，提升城市山体的服务功能（图 1-8）。通过山体生态修复，使近郊山体成为城市的景观节点，形成以山体为核心的区域意象，实现青山入城、城山相融的生态格局，满足市民“推开家门进公园”、“走进绿色山林，感受山与植物的呼吸”的愿望和需求，让城市拨开雾霾见山水。

> 4. 实现城市“显山露水”的风貌格局

> 中央城镇化工作会议提出“让居民望得见山、看得见水、记得住乡愁”，通过山体生态修复，严格执行生态红线保护政策，避免山体自然资源被无节制地开发利用，做好城市山体空间格局、景观风貌和城市特色视廊的规划和实施，保护和扩大山体空间，逐步恢复和谐的城市天际线，充分发挥山体的环境效益，让城市“显山露水”（图 1-9）。

1.6 国内外研究和实践情况

> 国内外对于城市山体生态修复的研究大多从破损山体治理、矿山生态修复等技术层面进行研究，综合来看，研究进展情况如下：

1.6.1 国外研究和实践情况 [19]

> 对于山体边坡的生态治理和矿山废弃地的修复改造，国外研究开展较早，美国和欧洲一些国家进行的研究主要围绕对破损边坡面受雨水侵蚀的防治。通过树木对山体边坡稳定性影响的深入研究，人们逐渐认识到植被对山体边坡稳定性的贡献。格林韦（Greenwayl）运用力学总结了植物大部分是通过根来对山体边坡起到加固作用的。通过大量实验结果，格雷（Gray）和大桥（Ohashi）及马赫（Maher）和格雷（Gray）证明只要有少量根在沙土中生长，就能对提高沙土的抗剪强度起到明显的改善作用。通过野外和室内的实验，远藤（Endo）和鹤田（Tsuruta）也证实了这一点。此外，格林韦（Greenway）、格雷（Gray）和莱瑟（Leiser ）通过详细总结出植物对土壤水分的蒸腾作用可以降低土壤空隙的水压力，从而增加山体边坡的稳定性，进而证明了植物茎、根对山体边坡土壤有锚固和抗滑的作用。诺兰（Nolan）、钱茨（Tschantz）和韦弗（Weaver）分析了植物（尤其是树木）对山体边坡的不利影响，主要是由于植物自身的重力荷载和树在大风作用中受到的风力荷载。

> 1880 年，美国、澳大利亚等国家对矿区废弃地的绿色廊道与生物多样性保护的关系做了大量的研究，并形成了各自的特色。20 世纪 20 年代，西方的景观设计师们开始将景观规划设计与生态学的研究联系起来，从生态绿地系统恢复的角度出发，将城市绿地设计成近自然的植物生境和群落。

> 欧美国家在 20 世纪 50 年代发明了植生盆技术，贝利（Bailey etal）、哈根（Gagen）

1–9

图 1–9　优美的山体景观风貌

etal、哈根和冈恩（Gagen & Gunn）通过液压喷播（Hydroseeding）等方法实现了悬崖生态系统的植被恢复。20 世纪 70 年代起，美国、日本等发达国家开始研究岩质边坡绿化问题，先后采用过回填土植草、水平格绿化、植生袋绿化、绿化网植草和植被型混凝土技术，继而发展到喷混植生技术。

日本在 20 世纪 60 年代，随着经济的高速发展，新干线、高速公路等大规模基础设施的建设，边坡的治理绿化得到了发展，形成一整套岩石山体边坡绿化的技术系统，即“从种子到树林的再生技术”，除客土喷射技术外，还有客土喷射绿化技术、植生袋绿化技术、框架护坡绿化技术、开沟钻孔客土绿化技术等。1976 年，日本主要采用了应用于岩石边坡生态防护的新技术——厚层基材喷射护坡技术。20 世纪 80 年代，韩国也在建设边坡绿化中大量采用了相关新技术。

20 世纪 70 年代后期，西方一些发达国家开始认识到矿业等废弃地对人居环境的不良影响，通过制定相关法律，用国家法律条文的形式，强制性规定采矿业主在提出开矿申请的同时必须提交矿山复垦计划，采矿过程中涉及的矿业悬崖，一律采用台阶式的作业方法，边施工，边复垦。在工程实践中逐渐总结出用于植被恢复的控制性爆破和恢复性爆破技术（Restoration Blasting）。

20 世纪 90 年代初，“表面地形复制技术”的出现推动了采石悬崖植被恢复技术的发展，通过控制性爆破等手段，对山体爆破过程中形成的破损面进行较大规模的地形、地貌改造，使悬崖形成梯级或缓坡的形式，从而对陡峭悬崖表面的生境进行改造。

随着液压喷播等修复技术的发展，各类护坡技术逐渐被运用到煤矿复垦等领域中。埃琳娜·巴尔尼（Elena Barni）从根系和土壤相互之间的影响讨论了植被在山体修复中的作用，香塔尔（Chantal）通过山体修复前后树木生长量的比对说明了植被与修复环境之间的相互促进作用。

由于国外城市规划建设形成的采石场、取土场等破损山体较少，所以对边坡山体恢复技术的研究多侧重于公路、铁路等其他项目创伤的破损山体生态防护。总体而言，有关采石场生态学、植物学及相关领域的研究主要针对采石场平面迹地边坡的稳定，治理和绿化的重点也多以工程防护和草被恢复为主，而对于采石场悬崖中纯生态恢复治理和乔灌草结合的近自然景观效果研究较少。国外破损山体生态防护的先进方法技术值得我们学习，但对于我国的具体情况来说，进口材料成本偏高，需要结合我国特色进行本地化的研究。

1.6.2 国内研究和实践情况

我国关于城市破损山体的恢复与景观营造方面的研究起步时间较晚，近年来，采石场、取土场等植被恢复已经成为良好生态环境建设的突出问题之一，因而受到各级政府和社会的广泛关注，我国针对破损山体生态环境研究建设的步伐也逐步加快。

20 世纪 90 年代中期，我国开始讨论土质边坡的绿化治理技术，目前有喷混植生技术、水平植生槽、植生袋和混凝土框格回填植草等，常用的绿化方法有种植攀援植物、客土喷播复绿、悬垂藤本植物和穴植灌木等。西南交通大学岩土工程研究所的张俊云、周德培等研究人员于 1999 年联合开发了“厚层基材喷射护坡技术”，又称“TBS”技术。此项技术主要适用于坡度缓于 1 ： 0.5 的稳定硬、软质岩斜坡以及劣质土坡，不仅改进了基材初始 pH 值高的不足之处，而且成功引进了草灌混合播种的设计，形成了有整体竞争力的植被群落，已成为岩质边坡生态综合治理的主要技术之一，被广泛应用于铁路、公路、采石场、堤坝等岩石边坡的工程防护和植被恢复。客土喷播绿化技术主要是引进国外特别是日本的施工方法，尚未制定统一的适合我国国情的建设体系。每一个施工单位都有各自的施工方法和基材配比，如北京承诺环境生态工程科技有限公司与中国林业科学研究院、北京林业大学、清华大学合作研究的岩石边坡生态防护工程技术——植生基质喷射技术；三峡大学开发的植被混凝土绿化技术是近年来国内广泛应用的岩石边坡生态恢复技术；青岛高次团粒生态技术有限公司 2007 年 9 月自主研发的“高次团粒”系列植被恢复技术及产品，被实践应用到北方特别是山东地区的破损边坡植被恢复中。

> 针对国内破损山体植被修复与重建方面较成功的案例，我国南方与北方的修复模式和方法也不尽相同：南方以深圳市最为典型，研究中首创了山体“景观影响度”的概念，并创建了相关的计算机指标体系；吴长文等提出了相应的裸露山体缺口的生态治理模式；叶建军等对南方岩质坡地生态恢复进行了探讨；程勇对江苏省露采矿山岩质边坡生态恢复技术进行了研究；柏明娥等对海宁市尖山鼠尾山露采矿山边坡绿化模式进行了探讨；丰瞻等基于恢复生态学理论对裸露山体生态修复模式做了研究；针对武汉市破损山体的复绿技术，杨刚等做了研究与示范。植被选择及景观配置方面，李根有等对华东地区山体断面绿化植物的选择、配置及相应种植措施做了探讨；万友对徐州邱山山体景观改造及环境美化方案做了详细的探讨。

> 我国北方地区由于气温、降水量等气候环境特点与南方相差较大，破损山体的修复工作难度大于南方地区，而针对修复方法、修复技术、植物选择和配置模式等方面也与南方有所差异。可供参考的典型案例主要有孙明高对山东省破坏山体植被生态修复模式的探讨、李成等对济南城市破损山体修复与绿化景观营建技术的研究、邵国栋关于喷播新工艺在破损山体绿化修复中的应用等。景观营造方面，饶戎介绍了北京门头沟石灰矿和济南西部新城城市采石山体破损的生态景观修复；李端杰对建大花园破损山体公园的景观设计进行了分析；尚红对皇上岭破损山体修复治理方案的设计进行了详细探讨。

> 近年来，国内在山体生态修复方面的实践案例较多，并取得了重要成就。济南市的山体生态修复暨山体公园建设项目荣获中国人居环境范例奖；徐州市通过持续开展生态修复、生态再造，修复废弃矿山和破损山体，变废为景，大大提升了城市价值，塑造了城市大园林格局。

2

实践篇 PRACTICE

济南市在城市发展的过程中，立足于本市发展，全面组织实施城市山体生态修复，不断保护优化城市生态空间，恢复提升城市生态功能，努力实现“显山露水”的独特城市生态格局。2016年年初，住建部将2015年度国内人居环境建设领域的最高荣誉奖项——中国人居环境范例奖授予济南市。这也是该奖项自2001年设立以来，唯一一项城市山体生态修复主题的获奖项目。

>>

>>

﹛第2章﹜

济南市城市山体生态修复实施概况

为保护和改善生态环境，提升人民生态福祉，构建和谐社会，建设现代泉城，近年来，济南市相继推出了破损山体治理、山体公园建设、海绵绿地建设等一系列组合拳，逐渐实现将绿色发展作为城市发展的底色。

2.1 济南市城市山体概况

> 济南市拥有丰富的山水自然资源，“一城山色半城湖”，山城相伴，山城交融，同时，山体对于泉、河、湖、城又具有特殊的重要意义。但在城市发展的过程中，山体资源受到了不同程度的破坏，如何做好山体生态修复是做好生态建设的重要一环。

2.1.1 山体资源基本情况

> 伴随着城市规模的发展，山体资源与济南市城市布局关系也随之不断发展，越来越多的山体周边用地被纳入建设用地范围，山体由在城市外围逐渐发展到山在城中，山体与城市的联系也更加紧密。

> 1. 城市山体资源发展历程

> “山水城市”是最具有中国特色的城市营造典范，山水环境是一座城市风貌感知的基调。济南南依泰山山脉，北跨黄河，具有“山泉湖河城”浑然一体的独特风貌（图 2-1）。

> 济南古城自开辟以来，城址从未迁移，其最重要的原因是其位居名山大川的冲要之地。《管子》一书中曾写道：“凡立国都，非于大山之下，必于广川之上，高勿近旱而水用足，低勿近水而沟防省”。

> 济南古城的选址，则是巧居广川之上、大山之下，两利兼得，城南的英雄山、马鞍山、千佛山、佛慧山、郎茂山等，是城市的天然绿色屏障。古城建筑轮廓线低缓，透过几条风景视廊，自然地将青山与古城维系成有机整体。城北水乡弥漫，视野平远，鹊、华二山俊秀多姿，黄河穿流其间，得天独厚的山水城市格局在全国城市中都是十分难得的。

> 古城处于南山北河环抱之中，与城中泉、河、湖共同为古城风貌特色提供了特定的地理环境，古城的布局又巧借这种得天独厚的自然地理条件，呈现出“一城山色”、“鹊华烟雨”、“齐烟九点”等优美的城市空间，被钱学森称为“典型的山水城市”。济南城垣的形成，经历了历下古城、齐州州城和济南府城三个阶段的发展过程。近代，随着民族工业的崛起和商埠区的建立，古城外围建设开始，城市重心西移。现代，随着城市建设高速发展，城市规模急剧扩张，山城相融。城市布局形态基本形成由集中的主城区、东部新城、西部新区、滨河新区四个城市组团组成的“一城四区”带状布局结构形式。20 世纪 70 年代济南建成区域的南边界在四里山，80 年代在七里山，90 年代到了南外环，沿着省道 103 线往南扩张，越来越多的山体进入城市建成区范围。

> 济南的山体为泰山余脉，山上森林植被类型绝大部分是以侧柏为主的常绿针叶林，间有侧柏与刺槐、黄栌、五角枫等混交的针阔混交林以及刺槐、黄栌等落叶阔叶林。野生植

物资源非常丰富，种类达 437 种。目前，济南中心城 1022km^2 规划范围内，共 158 座山体，总面积达 150km^2，比重为 14.7%（图 2–2）。山体在城北、城中、城南分布形态特征各异。城北山体位于黄河与小清河之间，其山形独立、孤山点点，代表山体有华山、鹊山等 11 座。城中山体有燕子山、青龙山等 56 座独立山体，英雄山、千佛山等 14 座连绵山体。城南山体带状连绵、楔入主城，包括马武寨山等 11 座独立山体、兴隆山等 66 座连绵山体。

2. 山与泉、湖、河、城有机结合为一体

济南，又称“泉城”，山、泉、湖、河、城交融而生。泉水是济南的灵魂，青山是济南的脊梁、城市的风骨。济南的古城风貌独特，“四面荷花三面柳，一城山色半城湖”。千佛山峰峦耸翠，林木苍郁；环城公园把趵突泉、黑虎泉、珍珠泉、五龙潭四大泉群连为一体，似翡翠项链嵌在城区中心；大明湖像一颗明珠光彩照人，荷柳辉映；芙蓉街一曲水亭街等地区民居庭院粉墙黛瓦，古朴宁静，“家家泉水，户户垂杨”。山、泉、湖、河、城有机结合为一体，构成了济南“南山北水”的独特风貌特征（图 2–3）。

（1）山与泉水的关系

济南因泉而生，泉水是济南的“城市之魂”，而山是济南泉水的源头和命脉所在，规划范围内的山体主要位于泉水直接补给区，尤其是济南 24 个泉水强渗漏带主要分布在规划范围内的山体及周边（图 2–4）。因此，加强南部群山保护，控制城市进一步向南发展，防止对泉水补给区尤其是泉水强渗漏区的破坏，保山护泉工作刻不容缓（图 2–5）。

（2）山与河的关系

济南的河流水系，除黄河、小清河与环城河外，其余均是源于南部山体。济南因河而绿，大小 27 条河流水系，穿越城区，由水体、岸线、绿化构成富有魅力的绿色空间界面，成为城市各片区和组团间的绿色空间与通风廊道（图 2–6）。

（3）山与湖的关系

济南因湖而名，大明湖汇流众泉、“四面荷花三面柳，一城山色半城湖”的景色享誉中外。历史上，古城北部湿地、荷塘遍布，“湖光浩渺，碧波万顷”。“佛山倒影”便是山水共生的真实写照（图 2–7），新规划的华山湖、鹊山龙湖湿地公园等都能再现泉城济南“湖光山色”的独特城市风貌（图 2–8）。

（4）山与城市的关系

南部群山是济南城市天际线的重要绿色背景。济南南依泰山山脉，群峰叠翠，山城相融（图 2–9）。传统节日的庙会、大量的寺院与文人碑刻使山体承载了灿烂的历史文化背景。现代的人们愿意依山而居，亲近自然，山体为周边的居民们展现了丰富的景观风貌（图 2–10），提供了便利的休闲健身场所，还带来了良好的生态条件和自然静谧的生活环境。

通过以上对济南市山体资源及山体对城市的重要性分析来看，山体在济南城市空间结构、历史文化脉络、生态景观格局中具有重要的

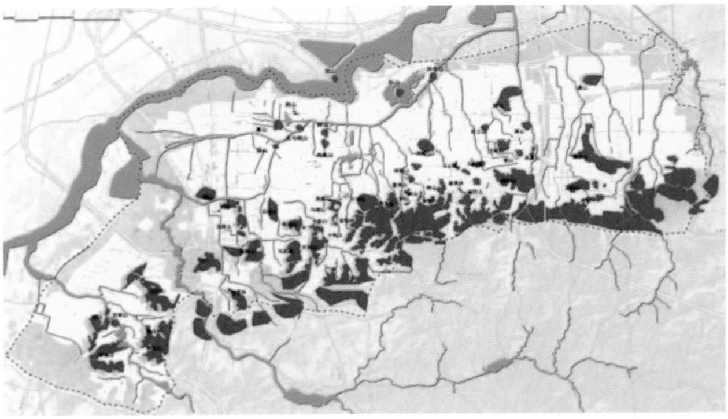

2–1

图 2-1 济南市城区山水分布现状图
图 2-2 中心城区山体分布概况

地位。为做好“显山露水”，未来需要通过城市山体生态修复，促进山与水、山与城的协调发展，带动提升济南城市风貌，从而进一步改善城市自然环境、提升居民生活品质、传承历史文化。

2-2

2-3

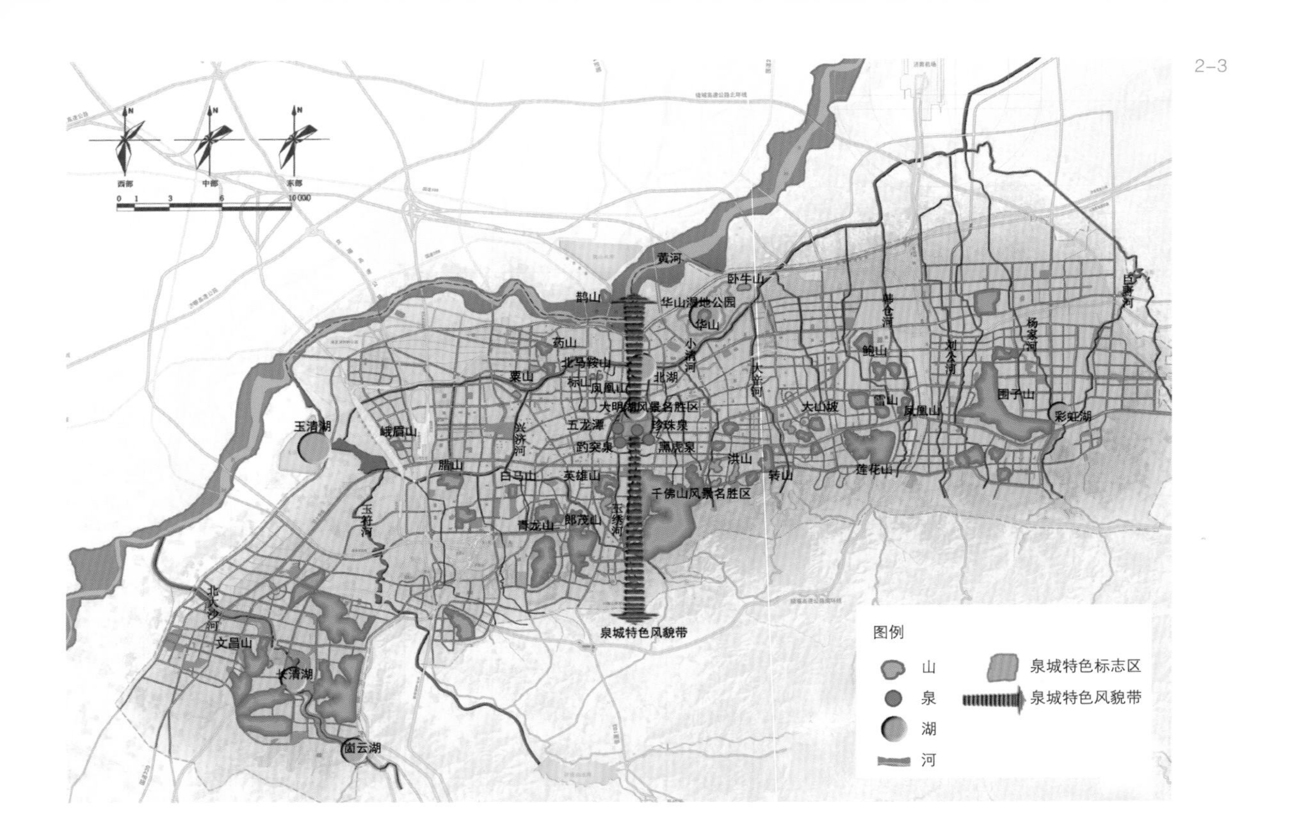

西部
中部
东部
黄河
卧生山
鹊山
华山湿地公园
华山
药山
北马鞍山
小清河
粟山
标山
凤凰山
北湖
大明湖风景名胜区
五龙潭
珍珠泉
兴济河
趵突泉
黑虎泉
玉清湖
峨眉山
腊山
白马山
英雄山
千佛山风景名胜区
洪山
转山
大辛河
大山坡
雪山
凤凰山
鲍山
莲花山
杨家河
围子山
彩虹湖
玉符河
北大沙河
文昌山
长清湖
青龙山
郎茂山
玉绣河
泉城特色风貌带
图例
山
泉
湖
河
泉城特色标志区
泉城特色风貌带

2-4

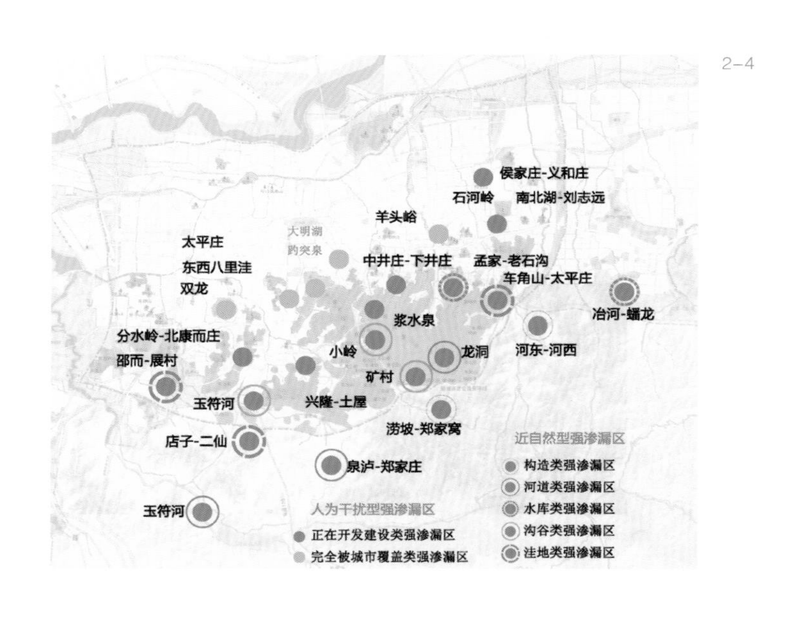

侯家庄-义和庄
石河岭
南北湖-刘志远
羊头峪
太平庄
大明湖
趵突泉
东西八里洼
双龙
中井庄-下井庄
孟家-老石沟
车角山-太平庄
冶河-蟠龙
浆水泉
分水岭-北康而庄
部而-展村
小岭
龙洞
河东-河西
矿村
玉符河
兴隆-土屋
涝坡-郑家窝
店子-二仙
泉泸-郑家庄
玉符河
近自然型强渗漏区
构造类强渗漏区
河道类强渗漏区
水库类强渗漏区
沟谷类强渗漏区
洼地类强渗漏区
人为干扰型强渗漏区
正在开发建设类强渗漏区
完全被城市覆盖类强渗漏区

2-5

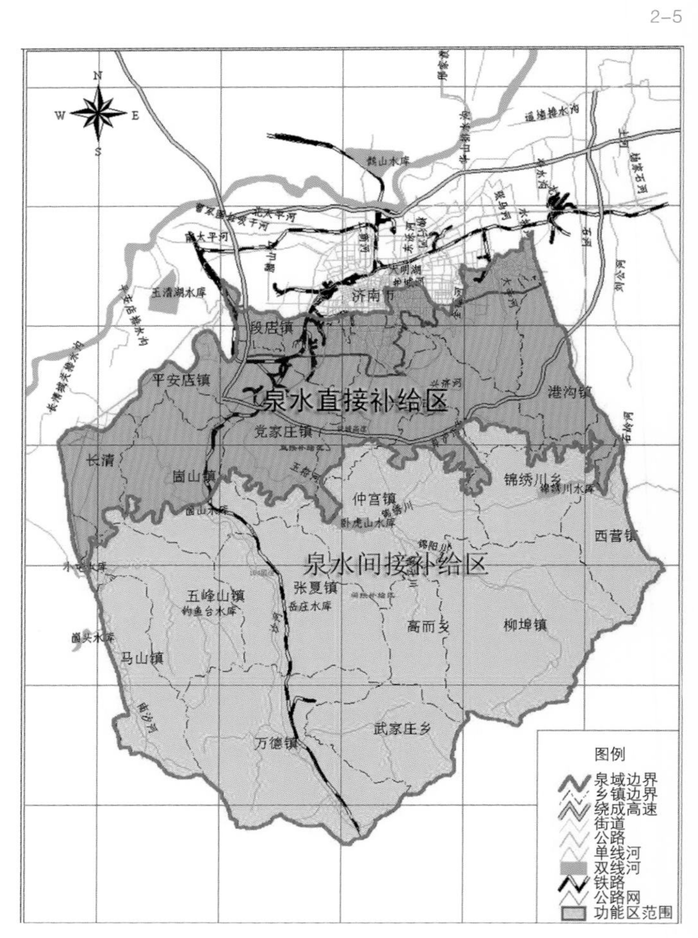

N
S
W
E
玉清湖水库
济南市
大明湖
段店镇
平安店镇
泉水直接补给区
党家庄镇
港沟镇
长清
崮山镇
仲宫镇
锦绣川乡
锦绣川水库
西营镇
泉水间接补给区
五峰山镇
张夏镇
高而乡
柳埠镇
马山镇
万德镇
武家庄乡
图例
泉域边界
乡镇边界
绕成高速
街道
公路
单线河
双线河
铁路
公路网
功能区范围

图 2-3　山、泉、湖、河、城有机结合示意图
图 2-4　24 个泉水强渗漏带分布图
图 2-5　山与泉的关系分析图
图 2-6　山与河关系分析图
图 2-7　佛山倒影

2-6

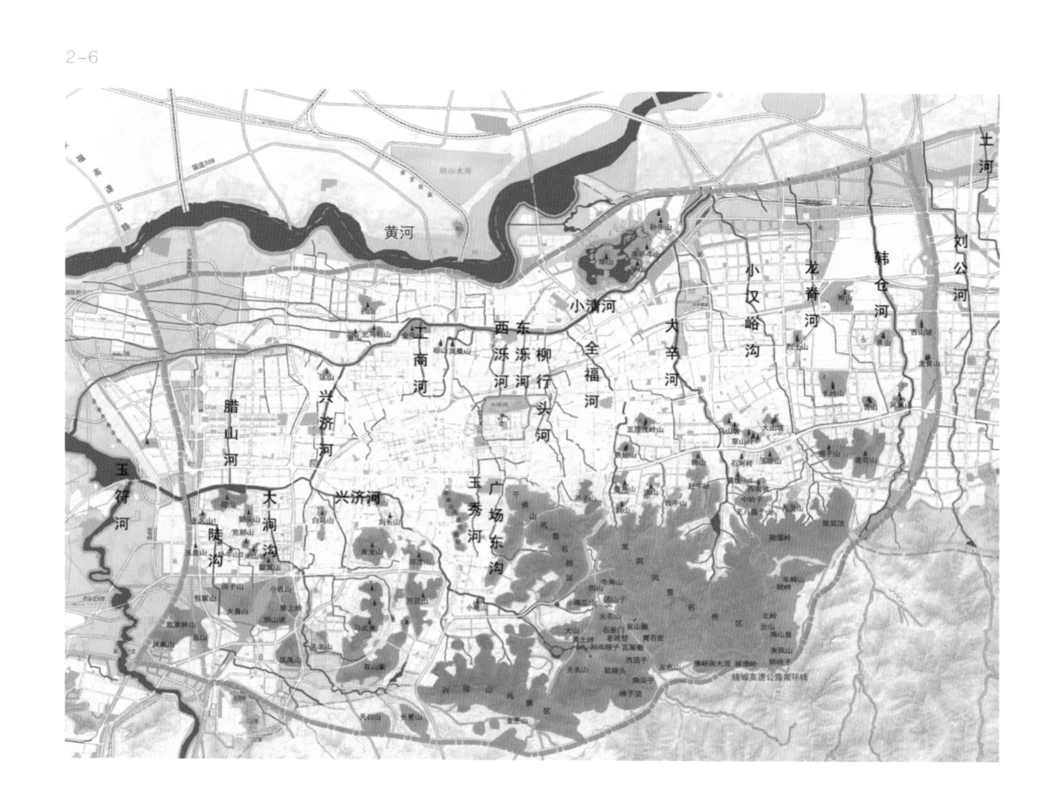

2-7

2-8

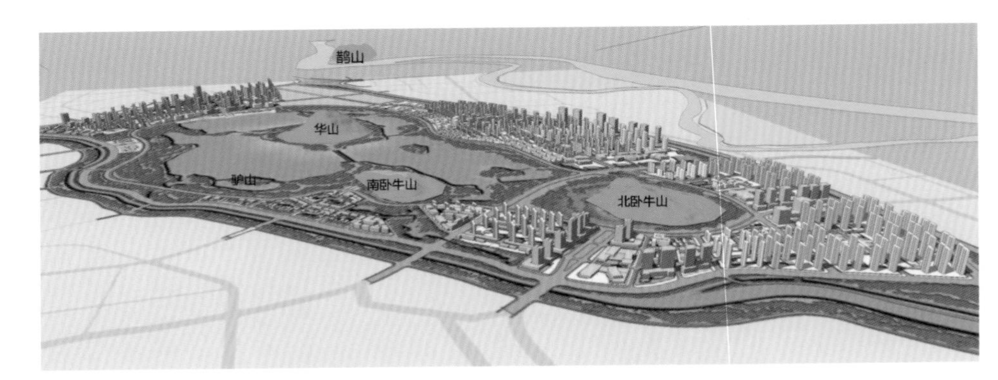

2-9

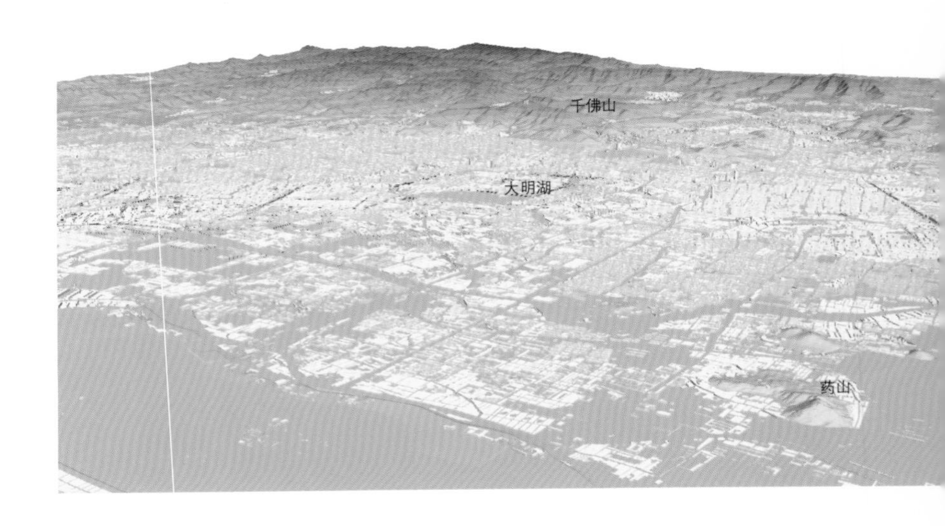

2-10

2.1.2　实施山体生态修复的原因

> 随着我国城市化进程的加快，城市快速扩张，人口不断增多，城市用地被大面积开发，导致城市开始出现无序蔓延和扩张的趋势，城市农田、山体等不断被开发侵占，城市自然生态系统退化严重。[20] 随之城市中的一系列问题接踵而至。这些问题主要表现在城市面貌缺乏特色、居民户外活动空间不足、城市环境污染严重、地域文化逐渐遗忘等方面。山体是绿地系统的核心组成部分，作为山水城市的济南具有其他城市无法比拟的优势，要充分挖掘山体的价值，使其在城市中发挥更大的作用。

> 1. 破损山体严重影响城市生态安全

> 人类活动已经对地球生态环境产生了严重的影响。多年来，随着城市建设的不断发展，城郊的山体逐渐纳入城市，形成了山在城中、城在林中的城市新格局。但是，部分山体由于地质、历史等原因，破损严重，岩石裸露，寸草不生，严重影响了城区景观，特别是有些山体由于破损严重，极易发生地质隐患。据 2007 年有关数据显示，济南市重点区域和主要交通沿线可视范围内共有破损山体 148 座，破损平面面积 1200 万 m^2，破损立面面积 430 万 m^2，主要分布在经十路、旅游路、104 国道、103 省道、二环路和绕城高速两侧。[21]

对城市山体的破坏，不仅给山体景观、人民群众生命财产安全带来了影响，更导致了城市生态功能的退化，包括生物多样性、生境威胁，生态系统的自我调节恢复能力日益减弱；城市气候调节、污染物净化、生物多样性保持、水源涵养等功能均在下降。城市生态问题已成为制约城市可持续发展的瓶颈，严重影响了城市生态安全格局。

专栏 2-1　山体破坏的过程

改革开放后，不少地方忽视生态环保，掠夺式发展，“靠山吃山，挖山不止”，导致山体破损严重，岩石裸露，寸草不生，严重影响了城市的景观和生态。同样，济南市在城市发展的过程中对山体资源的开发利用也是走了“先破坏后修复”、“先污染后治理”、“先开发后保护”的发展模式，部分山体资源遭到了掠夺式开发，集中在过度的“靠山吃山”、开山采石，城市发展极度的挤山占河等，原有的山体资源和山体景观被逐渐蚕食。总结来看，济南市山体资源受损过程大致分为以下三个阶段：

（1）第一个阶段：山林资源过度利用

这个阶段山体利用的过程也是人们对资源认识不断提升的过程。自古以来，人们就利用所在的自然环境服务于自身的物质生产和生活，“靠山吃山、靠海吃海”，“吃山”主要是对山体资源的直接利用，表现在木材使用、动植物的利用等，包括伐木毁林、上山挖药、采摘山野菜等，就近的山体资源给周边的普通百姓带来了良好的生活需求。但随着人口的增长，人类活动能力的增强，对山体资源的过度开发和利用逐渐超越了生态容量或承载力的范畴，山体自身得不到充分的修复，由于对自然界的过度索取，已经出现生态危机的迹象。因利益驱使等原因，数年前济南遭遇过山体资源过度开发利用造成山体生态破坏的局面，由于非法盗采、过度开发，有的难见原貌，有的逐渐消失。以牧牛山为例，牧牛山原先基础绿化很差，私垦菜地随处可见，部分山体裸露，风起见尘，严重影响周边居民的生活环境。

（2）第二个阶段：山体资源破坏性开发

随着我国城镇化进程的加快，城市住房建设的快速发展，城市发展对石材和矿产资源的需求与日俱增，这使得通过山体进行开采的数量和规模迅速扩大。对山体资源进行破坏性的开发，主要体现在开采山石、采土、采矿等。一方面，对山体资源的破坏性开发造成土壤恶化、植被破坏，给生物群落造成破坏，带来了水土流失、滑坡、泥石流等安全隐患，并使山体土壤的结构和层次受到破坏，土壤生态功能恶化，进而使山体涵蓄水源的功能遭到破坏，影响泉脉和整个城市的用水安全。同时，开采山体造成的污染物随着雨水的冲刷渗透到地下水中，对城市水质造成污染。

另一方面，由开采山体资源而遗留下来的矿山废弃地和采石厂废弃地，若没有及时得到生态修复，将对区域生态环境产生持续的负面影响。

（3）第三个阶段：城市大规模开发对山体资源空间的侵占

在城市发展过程中，建筑占地和道路建设对山体不断占用，沿山体外围或山谷进行建设开发，对山体彻底造成了冲击破坏，表现在对山体砍头、斩腰、砍腿、断脚，有些地方甚至到了对山顶严重破坏的地步，更有个别山体因整体彻底性破坏而消失，如卧牛山，对其进行生态修复困难极大。总结本阶段山体资源空间被侵占的主要原因有：一是由于房地产的开发建设，城市道路与山体之间的绿色廊道被挤占；二是由于部分道路建设断了山脉，山体相连被人为阻断，这给道路及道路两旁人民的生活、生产带来了安全隐患，同时也导致部分山体破损严重，植被覆盖率降低，山体的生态功能受到影响，观赏价值也随之降低。

> 2. 泉水之源的涵养功能受到破坏

> 济南因泉得名，而泉水源泉，藏于山中，山和泉水是济南不可多得的宝贵自然资源。但自 2013 年 8 月以来，由于连续 4 年降雨偏少，地下水亏空较大，泉水水位持续偏低，一度跌至红色警戒线以下，保泉形势十分严峻。山体覆绿，涵养水源，有助于济南保泉、护泉，为泉城人民留住绿水青山。实施山体生态修复，可提升生态补源能力，强化泉水生态补给功能。通过大力开展植树绿化，丰富山体植被，涵养水源，强化泉域重点强渗漏带保护并依托山体地势合理设置雨水收集、拦蓄及利用设施对保护泉水之源具有重要的意义。

> 3. 城市建成区在长大的过程中，山体边界被侵蚀

> 近年来，我国城市在不断长大、长高，城市建成区面积不断扩张，部分城市甚至由于开发强度过大，空间结构调整不到位，原本山清水秀的城市生态空间不断被占据甚至破坏，严重影响了城市自然地形地貌和风貌。城市生态系统破碎化，城市山、水、绿地等生态空间被人为隔断，整体性、连续性、系统性较差。具体表现在：一是山体边界被侵蚀。随着市域面积不断扩张，山体受挖坡建房、乱搭乱建违章建筑、占用山体绿地开发建设等行为的影响，边界被蚕食、破坏。济南市中心城的 158 座山体中，马鞍山、燕子山、玉顶山等 103 座山体形态较为完整；燕翅山、腊山、卧牛山等 55 座山体受到不同程度的破坏。二是山体生态风貌完整性、连续性受到影响。城市有些地区无序开发，山头、山腰、山谷、山脚自然起伏的延展性遭到破坏，市政基础设施的建设也对山体连续性、系统性造成破坏，如大千佛山区被道路切断。

> 4. 城市建筑高度在长高的过程中，城市天际线受到挑战

> 随着城市不断向高处发展，出现了楼比山高的现象，建筑轮廓线逐渐超越山脊轮廓线，城市高层建筑对山体景观风貌、城市特色视廊造成遮挡封闭，出现了“楼比山高”、“有山无景”的尴尬（图 2-11），原先山城和谐的城市天际线遭到破坏，“佛光倒影”、“齐烟九点”等城市特色视廊也被较高的建筑所遮挡，城市山体的资源价值无法充分展现。

2-11

2-12

2-13

图 2-11 “佛光倒影”在城市长高的过程中受到遮挡
图 2-12 道路观山视廊被遮挡
图 2-13 观山视廊被建筑遮挡

5. 城市建筑在变密的过程中，观山视廊被遮挡

随着各类建筑不断密集，传统城市风貌被破坏，观山视廊被建筑遮挡（图 2-12、图 2-13），山体生态风貌畅通性受到阻碍。山体视廊的畅通性被破坏，包括“齐烟九点”。目前从千佛山上只能看到华山、鹊山，偶尔会看见药山，山—山视廊、山—水视廊遭到破坏，山水倒影已经不完整了，山水联系破坏大，山水相连被破坏。

6. 城市游憩资源空间不足或分布不均

山体植被作为济南市城市绿地系统的重要组成部分，在改善生态环境质量，营造自然、优美、宜居的生态环境等方面，发挥着不可替代的作用。济南市城市公园绿地空间分布不均衡，尤其是大型公园大多分布在主城区范围内，城市公园绿地分布不够均衡、特色不够突出，新城区更是缺乏公园绿地，同时区级公园绿地和街头游园较少且分布不均，与“300m 见绿，500m 见园”的目标差距较大，在国内同等城市中人均公园绿地面积也不高（表 2-1），除“见缝插绿”外，更要主动利用好的山体资源来服务城市居民。由于济南市城区山体较多，共有 158 座山体，中心城区范围内约平均 6.5km^2 就有一座山体，为避免周边居民守着大山却无处休闲健身，结合山体生态修复，建设山体公园，有利于改变城市游憩资源空间不足以及城市公园绿地分布不均的局面。

2015 年副省级城市人均公园绿地面积 表 2-1

人均公园绿地面积		
名次	副省级省会城市	人均公园绿地面积（m^2/人）
1	广州	16.50
2	杭州	15.50
3	南京	14.98
4	沈阳	13.23
5	西安	11.60
6	武汉	11.06
7	济南	10.50
8	哈尔滨	7.50

2–14

图 2-14　山是城市的重要自然生态空间

醉人秋景

雾凇奇观

生态氧吧

休闲游憩

佛山夜景

水源涵养

2.1.3 实施山体生态修复的重要意义

> 一个城市，有山、有湖、有河、有泉，多种优势资源集中于此，这在世界上也是稀罕的，更何况城市有山、山中有城、城山交融，对城市与山的融合美有着先天的优势。对济南市而言，山是生态之基、民生之本、文化之根、泉水之源，做好“山”这篇大文章，山、泉、湖、河、城联动发展才有连续性。济南因泉得名，而泉水源泉，藏于山中。山体在济南市的城市发展中具有重要的地位和意义，显山是“建设现代泉城”的题中之意。

> 1.“山”是生态之基，是提升城市生态环境的重要保障

> 山体是城市重要的自然生态空间（图 2-14），是市区内人工干预最少的用地，也是生态环境最好、森林覆盖最高的区域，对城市生态环境改善、保护生物多样性起到极大促进作用。济南 16% 的城市公共绿地依山、傍山而建，山体在保护生物多样性、维护城市生态平衡、改善城市小气候环境、保障城市生态安全等方面发挥着重要作用。

> 2.“山”是风貌之脊，是泉城风貌特色的关键所在

> 山体是泉城风貌的重要组成部分（图 2-15），是城市的重要绿色背景，使城市天际线柔美而不单调。同时，“山”是城市的“风骨”，影响城市空间格局、景观风貌和城市特色（图 2-16）。从山与泉的相依关系来看，山是泉的源头和命脉，保泉首在保山，“山城”与“泉城”相辅相成。

> 3.“山”是文化之脉，是城市历史文化的重要载体

> 济南是国家历史文化名城，在这块土地上孕育了一代又一代名人贤士，由华山、鹊山和千佛山形成的三角关系是济南历史格局的重要支点，城内诸多山体更是汇集了济南历史文化的丰富精华（图 2-17、图 2-18）。济南与“山”有关的历史事件、文学著作、诗词歌赋和书画作品众多。《鹊华秋色图》享誉中外，《老残游记》广为人知，灵岩寺、华阳宫等国家、省市级 27 处文保单位散落山中。老舍名篇《济南的冬天》中更是不惜笔墨，15 次提及济南的山。

> 4.“山”是活动之所，是城市重要的生活空间

> 山体公园已成为济南市民重要的游憩、健身、休闲场地，徒步或骑行登山逐渐成为一种生活新时尚，因山而兴的千佛山庙会、英雄山文化市场深受市民喜爱（图 2-19）。

图 2-16 山是城市的重要景观风貌

2-17

2-18

2-19

2.2　指导思想

> 城市作为人口的主要居住地，显然城市的生态环境问题是人类生存环境矛盾的焦点、问题的关键。2016 年，济南正式发布《济南市新型城镇化规划（2015-2020 年）》，到 2020 年，全市常住总人口将达到 770 万左右，城镇化率达到 73% 以上。人口的增多必然引起城市规模的扩大，随着市区建设、土地开发，由人口集聚引发的城市环境问题将是生态环境可持续发展的焦点问题。为未雨绸缪，做好城市山体未来发展规划和实践，主要将以下三个方面作为指导思想：

> 一是尊重自然，实现城市和山水自然的融合。自然景观的利用是构成城市特色的最重要因素。在充分肯定自然、顺应自然、保护自然的基础上，利用山水、地形组织对景、借景，在自然中寻找自己恰当的姿态，而不是与自然背离。

> 二是尊重人，充分体现人是城市生活的主体。城市设计、空间环境的营造，归根到底是为了生活在城市里的人，这是因为在城市空间中运动、逗留和感受的也正是人。

> 三是尊重城市，让城市有根有魂、有个性有品位、有魅力有活力。

> 正是基于以上指导思想，济南市在山体生态修复的过程中，以“山水城市 + 传统田园思想 + 精明增长”的城市发展模式为宏观指导，同时以“设计尊重自然、自我设计理论、人为设计理论、低环境影响、低影响开发雨水系统构建以及恢复生态学”等相关理论为具体实施理论依据，进行保护和修复。在实施中，强调人与自然的和谐，强调城市生态容量，强调城市内涵式发展，助力济南绿色发展、精明增长。

> 济南市在山体修复的过程中，充分结合自身城市实际，走出了一条独特的生态修复路线，即在对山体进行基本绿化、充分保障生态环境的基础上，实施山体公园建设、山地海绵绿地建设，发挥山体为城市服务的功能。这个功能既包括为居民提供游憩、健身、文化娱乐、景观等外在功能的同时，更是从整个城市生态安全格局考虑，发挥其内在涵养水源，对雨水吸纳、蓄渗和缓释的功能，充分发挥了山体的潜在经济效益、社会效益、环境效益和生态安全效益。

2.3　实践探索

> 济南市自然地理以“南山北水”为特点，城市中密布的河流、山体对城市景观、生态环境、区域微气候调节产生着重要影响。为使“显青山，露绿水”，济南市将绿色发展作为城市发展底色的基本认识，绿色生态基础设施建设、山水泉城城市风貌的彰显也得到了充分重视和发展。

2.3.1 总体概况

1. 初步划定了山体保护红线

济南市山体保护红线内划定的山体总数量是 340 座，即 53% 的山体都被划定了保护红线，其中重点保护山体 303 座，一般保护山体 21 座，开发利用山体 16 座。

2. 深入开展生态修复工程

南部山区以水土保持为重点，各类林地建设、封山育林等生态修复工程深入开展。破损山体整治工作全面开工，城区范围内 45 座破损山体治理工程全面竣工。2014 年济南市启动了山体绿化三年行动计划，对绕城高速内 126 座山体进行绿化，具备条件的建成山体公园，作为济南市为民办实事项目，济南市山体生态修复暨山体公园建设成就卓著，并作为一项长期战略性工作深入推进。

3. 强化山体保护规划和法规建设

结合土地利用规划、矿产资源规划和城市建设规划，编制《济南市山体保护与利用规划》，对重点保护区的山体实地埋设保护界桩，红线范围内山体以保护为主，严禁开发利用，从源头上预防开发建设和违法开采山石破坏山体的行为，切实保护好宝贵的山体资源。同时在调研的基础上，正在编制《济南市山体保护管理办法》，将进一步加大山体保护和生态环境保护的宣传力度，提高市民的山体保护意识。

2.3.2 理念

济南市山体生态修复在实施过程中，将城市紧凑发展、精明增长，生态修复、原生态再造，以及生态环境“有限容量”、山体风貌主导作用等理念融入其中，使山体生态修复实施更加科学、合理。

1. 坚持“紧凑发展、精明增长”的理念

2015 年，中央城市工作会议在工作部署“统筹生产、生活、生态三大布局，提高城市发展的宜居性”中提出“要坚持集约发展，树立‘精明增长’、‘紧凑城市’理念，科学划定城市开发边界，推动城市发展由外延扩张式向内涵提升式转变”。精明增长既是城市发展的理念，又是一项系统的理论，在推动城市内涵式转变中对城市山体生态修复工作具有重要的指导意义。

为做好绿水青山再现的格局，济南市以“精明增长”理念为指导，走出一条“绿色济南、生态泉城”的可持续发展之路，树立了生态功能是园林绿化的核心功能、是园林绿化服务的根基所在，加快了建设“生态园林”城市的步伐。通过千佛山、英雄山等山体生态修复，适应景区山体修复从景观到生态园林发展趋势，适应从经济增长到生态保护的社会需求转换，适应从物质消费到绿色服务消费的消费结构调整，彰显“山、泉、湖、河、城”生态山水意境，努力打造生态山水园林城市，借山水生态之势，推动城市发展由外延扩张式向内涵提升式转变。未来，通过不断地对城区山体进行绿化提升、规划和立法保护，以及对被开发建设的山体进行必要的工程修复等措施，强化泉域重点强渗漏带保护，真正让城市“显山露水”，为泉城人民留住绿水青山。[22]

2. 重视“生态修复、原生态再造”的理念

2015 年中央城市工作会议提出：“城市建设要以自然为美，把好山好水好风光融入城市。要大力开展生态修复，让城市再现绿水青山。”在山体生态修复中，按照习近平总书记要求，树立“保护生态环境就是保护生产力”的理念，树立“节约和保护也是修复”的思维，通过山体绿线划定、山体保护红线划定，划定城市建设用地永久南边界，进一步保护城市山体资源，保护生产力；同时，把恢复山体生态作为促进绿色和谐发展的重要路径，抓住创建水生态文明城市、海绵城市建设试点城市的重大战略和历史机遇，坚持增绿保泉、推进山体绿化提升、开展山体海绵工程建设，进一步促进生态环境的改善，发展生产力。

在城区山体公园工程建设中，济南市充分挖掘山体自身的自然地貌和文化特色，力求打造特色山体公园。建设过程中，遵循“自然、生态、野趣、节约”的原则，严格把握建设中设施的规模和尺度，注重与城市风貌的统一协调，尽量减少人工痕迹，力求展现山体公园的原生态，满足游客的户外野趣需求。适当增加一种游览的情趣，同时景观效果更好一点。建筑材料最大限度地选用糠粱沙、清口石、塑木等材料，既保证了景观，又降低了维护成本。

3. 重视生态环境“有限容量”的理念

重视原生态自然环境，对山体资源的利用强调在尊重自然前提下的有限利用。济南市在实施山体生态修复暨山体公园建设过程中，根据生态环境的承载能力，在充分保护原有生态环境的基础上，根据山体公园承载量，进行修复性建设，不修建大体量亭台楼阁，不大面积破坏山体修建设施，最大限度地保留山上的植被、山、石，尽量减少人工干预，在能够实施的范围内，有条件地打造山体公园，为避免破坏原有生态环境和过度使用山体，建设中采用游览步道和小观光平台的方式，少建或不建大广场或大的通道，尽可能地降低开发强度，在生态容量允许的范围内永续利用。

4. 重视山体在片区规划中主导作用的理念

在城市规划中，济南市充分重视山体在片区规划中的主导作用，对“显山露水”进行了一系列战略研究和规划。例如在城市北部地区，串联药山、鹊山、黄河、华山、白泉、新东站等重要景观要素，形成景观廊道，注重体现“山、河、泉”的特色，形成鹊华特色风貌标志区（图 2–20）。具体以华山片区为中心，建立“一心四廊、一湖四山”的城市视廊景观格局；鹊山片区承接华山片区，建立“一脉两廊、三核三片”的景观格局；新东站片区连通华山与白泉，打造 120m 宽的复合生态景观廊道。

结合黄河绿道公园建设，保护观赏鹊山、华山的观山节点和通视空间，“怀抱自然、凝视鹊华、寄语黄河、对望老城”，再现鹊华双阙风采，展现“山、泉、湖、河、城”相融相生的泉城特色景观（图 2–21）。

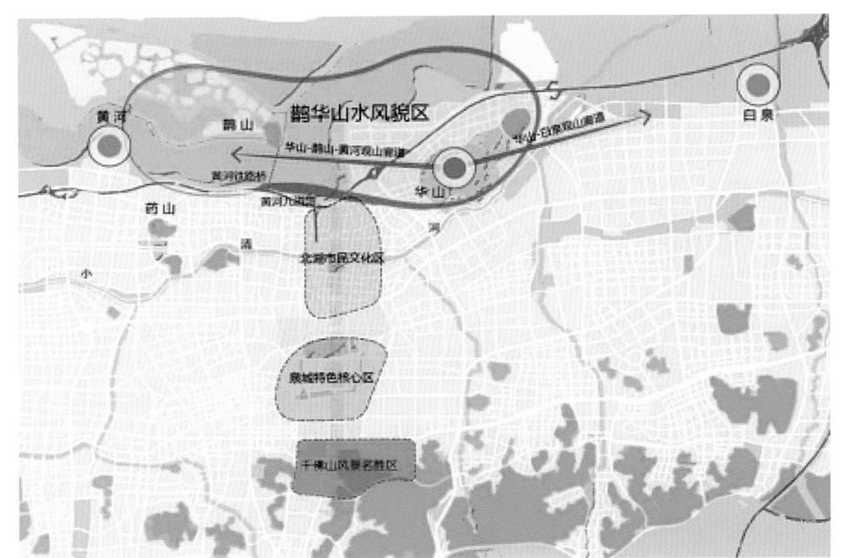

2-20

> 风貌区内，重点围绕鹊山、华山、黄河以及小清河、白泉等要素，提升南北山水风貌带，打造融自然、历史人文要素于一体的鹊华—黄河特色风貌区。

> 5. 重视山体风貌主导作用的理念

> 在山体风貌规划中，把山体的壮美通过视线开阔的街道和空间引导到城里来，充分展示城在山中的景象。充分利用自然资源优势，突出“山水人”的主题。济南市有着丰富的自然山水景观资源，因此，在山体景观专项规划设计中，充分将山水作为重要的景观元素，创造富于城市魅力、个性独特的景观。充分利用和发挥自然资源优势，将山水地形、大地景观格局与城市总体规划和布局相结合，将自然、社会、文化有机结合，从而达到中国传统风水理论中所描述的人工艺术与自然景观“共生、共荣、共存、共乐、共雅”的境界。

专栏 2–2　推进生态文明建设和新型城镇化建设同步发展

>> 党的十八大报告多次论及生态文明，并将其提升到更高的战略层面。自此，中国特色社会主义事业总体布局由经济建设、政治建设、文化建设、社会建设“四位一体”拓展为包括生态文明建设的“五位一体”。“五位一体”的总体布局为生态文明建设提供了重要机遇，也赋予新型城镇化建设新的内涵，是一项涉及生产方式和生活方式根本性变革的战略任务。绿色化是生态文明建设的核心和引领，绿色化赋予了生态文明建设新内涵，构建了生态文明建设新格局。

2.3.2　技术与实施

> 坚持问题导向、系统解决的原则，按照“山水林田湖”生命共同体的思想，对城市内受损的山体、水体以及棕地和绿地进行生态修复。

> 1. 实施绿线划定，加强山体资源保护

> 近年来，济南市实施了 23 座山体绿线的划定，结合片区控制性规划修编，不断实施其他山体及绿地绿线的划定。同时，积极编制《济

2-21

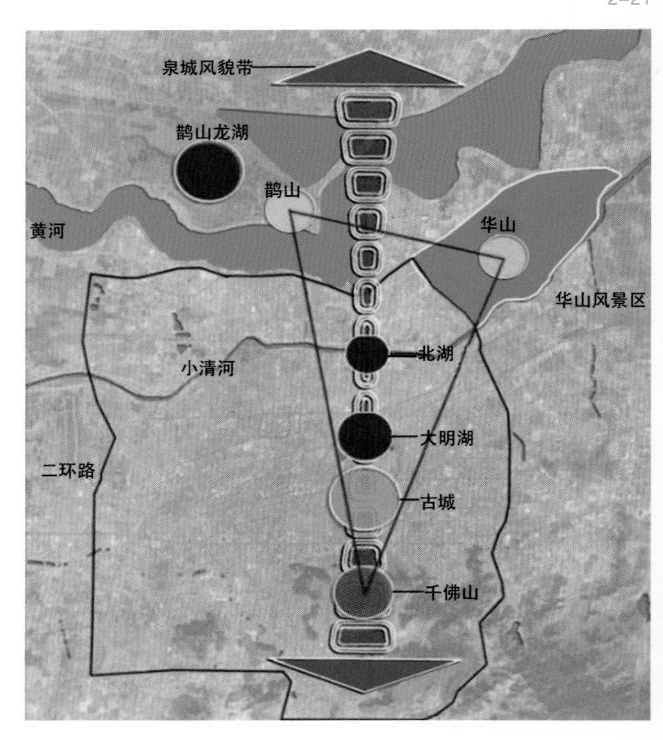

2-22

南市城市山体景观风貌专项规划》，进一步加强山体资源保护，特别是山体风貌保护，要求城市规划和新上项目要确保山体风貌的完整性，展现济南美丽的天际线（图 2-22）。

专栏 2-3　中共中央、国务院要求加快推进生态文明建设，强调大力推进绿色城镇化

>> 2015 年 3 月，中共中央、国务院印发《关于加快推进生态文明建设的意见》。《意见》提出：到 2020 年，资源节约型和环境友好型社会建设取得重大进展，主体功能区布局基本形成，经济发展质量和效益显著提高，生态文明主流价值观在全社会得到推行，生态文明建设水平与全面建成小康社会目标相适应。

>> 《意见》强调，要科学确定城镇开发强度，提高城镇土地利用效率、建成区人口密度，划定城镇开发边界，从严供给城市建设用地，推动城镇化发展由外延扩张式向内涵提升式转变。强化城镇化过程中的节能理念，大力发展绿色建筑，推进绿色生态城区建设，提高城镇基础设施建设水平，提高建设、运行、管理水平。加强城乡规划"三区四线"（禁建区、限建区和适建区，绿线、蓝线、紫线和黄线）管理，维护城乡规划的权威性、严肃性，杜绝大拆大建。

>> 《意见》强调，要大力推进绿色城镇化。认真落实《国家新型城镇化规划（2014-2020 年）》，构建科学合理的城镇化宏观布局，严格控制特大城市规模，提高中小城市承载能力，促进大中小城市和小城镇协调发展。尊重自然格局，合理布局城镇各类空间，尽量减少对自然的干扰和损害。保护自然景观，传承历史文化，提倡城镇形态多样性，保持特色风貌，防止"千城一面"。《国家新型城镇化规划（2014-2020 年）》提出创建绿色城市、智慧城市、人文城市等理念，对城市园林绿化发展指明了发展方向。

> 2. 严格规划红线控制，夯实生态之基

> 为扎实做好生态保护工作，济南市实施了山体生态保护红线的划定工作，建立生态红线与城市绿线相互衔接的统一用途管制制度，实行资源有偿使用制度和生态补偿制度。为保护好宝贵的山体资源，按照由近及远、由市区到郊区的顺序，初步划定了山体保护红线。目前，济南市山体保护红线内划定的山体总数量是 340 座，即 53% 的山体都被划定了保护红线，其中重点保护山体 303 座，一般保护山体 21 座，开发利用山体 16 座。结合土地利用规划、矿产资源规划和城市建设规划，编制《济南市山体保护与利用规划》，对重点保护区的山体实地埋设保护界桩，红线范围内山体以保护为主，严禁开发利用，从源头上预防开发建设和违法开采山石破坏山体的行为，切实保护好宝贵的山体资源。[23]

> 3. 实施山体公园建设，强化民生之本

> 一直以来，济南市高度重视山体绿化和山体公园建设，先后建成了卧虎山、佛慧山等多处山体公园。随着城市的发展，城区及周边山体与城市景观融为一体。为积极回应群众对良好生态环境的期盼，制定了山体绿化三年行动，2014 年至 2016 年，对绕城内的 126

座山体进行绿化，具备条件的建成山体公园，实施山体绿化、基础设施和服务设施建设，为附近居民提供生态良好、环境优美的健身、休闲和娱乐场所，让市民充分享受绿色福祉。

4. 传承城市山水文脉，扎深文化之根

山是济南的风骨，也是城市发展的印记和见证。城区及其周边山体林木葱郁、名泉众多，自然景观和人文景观丰富。在山体公园建设中，重点加强整个城市山体风貌的研究，编制总体规划，特别加强对山体的空间布局、色彩搭配、园林构建等方面研究。在资源整合中，注重整体的概念和统筹的理念，明晰城市与山的关系。在充分挖掘历史文脉基础上，严格把握建设中设施的规模和尺度，注重与城市风貌的统一协调。

5. 坚持生态修复为主，保护泉水之源

济南市山体既是保护生态安全的天然屏障，也是重要的生态保护区和泉水补给区，在建设中，融入海绵城市理念，坚决杜绝因施工对周边生态环境造成破坏的现象。根据山体公园承载量，进行修复性建设。注重山体的水源涵养功能，充分利用既有资源，通过破损山体生态修复，丰富现有植被，建立雨水收集系统，确保泉水之源。

2.3.3 管理模式

在实施山体修复过程中，通过推进职能转变、创新治理体系和治理能力等方式，为山体修复工作做好保障。

1. 完善治理体系

2015 年，中央城市工作会议提出政府“要创新城市治理方式，特别是要注意加强城市精细化管理”。在山体生态修复过程中，济南市创新治理方式，完善治理体系，以生态园林城市建设为基础，拓展深化社会性功能，以系统性思维推进“功能复合”型山体园林建设。以风景园林学、景观生态学的宏观学科视野，以生态园林城市的现实追求为目标，将园林绿化的专业思维和社会经济整体思维相结合，更好地发挥城市山体服务生态、服务社会、服务城市发展的功能。倡导生活导向，将绿化、美化、文化有机结合，致力于打造可观赏、可游玩、可体验、可参与、可共享、可持续的城市山体公共生活空间。以系统性的思维，将山体公园的生态效益、景观效益、经济效益和社会效益等相结合，注重优化山体公园多元复合功能，发挥山体公园在生态环保、防灾避险、科学教育、景观美化、游憩休闲、文化传承，以及塑造公共空间，促进社会交往，承载城市记忆，承担城市功能，促进生态产业、旅游产业和文化产业等产业发展，提升城市魅力和城市竞争力等方面的独特作用。

2. 发展规划引领

坚持规划引领，逐步健全山体修复规划体系，山体“一保三控”规划策略初步形成，山体风貌专项规划正在编制研究，新型山景标志区规划、园林相关行业专项规划和片区规划不断完善。与山体规划相关的《济南市城市绿地系统规划（2010–2020 年）》、《千佛山风景名胜区总体规划》已通过政府审批，《龙洞风景名胜区总体规划》已报省政府审批。《济南市中心城绿地系统控制性规划（2010–2020 年）》等 8 项规划编制完成，23 座山体绿线已经划定。

> 加大规划编制力度，努力实现重点山体风景区规划编制的全覆盖。全面启动《济南市风景名胜资源保护体系规划》编制，牵头实施《泰山风景名胜区灵岩寺景区详细规划》编制工作，参与修编《济南市历史文化名城保护规划》等审修工作。积极推进山体风貌规划研究，严格实行"绿线"控制和保护制度，配合做好省级生态红线划定。通过强化规划管理工作，确保中长期规划、近期建设计划和工程实施的有机衔接，推动山体生态修复工作全面发展。

专栏 2–4 规划保障：建设生态基础雄厚、魅力独特的山水泉城

>> "十三五"时期，济南市在规划层面全面保障生态城市建设，助力城市"显山露水"。《济南市国民经济和社会发展第十三个五年规划纲要》、《济南市城市总体规划（2011–2020 年）》、《济南市土地利用总体规划（2006–2020 年）》、《济南市"十三五"园林绿化事业发展规划》、《济南市城市绿地系统规划（2010–2020 年）》等都对山体生态修复规划做了明确的说明。

>> 《中共济南市委关于制定济南市国民经济和社会发展第十三个五年规划建议》提出"加快创建全国生态文明先行示范区，推动形成绿色发展方式和生活方式，努力建设天蓝、地绿、水清、气爽、泉涌的生态家园。以提高美誉度和舒适度为目标，推动城市'显山露水'和历史文化传承，打造'山、泉、湖、河、城'相映生辉的魅力城市。加强山体保护、弘扬泉水品牌、突出湖泊特色。"

>> 《济南市城市总体规划（2011–2020 年）》提出"结合济南自然山水特色，构筑市域'南山、北水、山水融城'整体山水格局"。并提出"加强绿化，加快植树造林，封山育林、育草，涵养水源，合理拦洪蓄水，保持现状地形地貌，禁止建设污染水质的工业生产设施。封山育林，涵养水土，禁止新建、扩建、改建影响地表水渗漏的工程项目；禁止开山、采石、挖砂、取土等破坏地形地貌的活动；禁止其他影响地表水渗漏和污染水质的活动。"

>> 《济南市土地利用总体规划（2006–2020 年）》在生态环境建设中提出："支持封山育林、育草，保护现有林地。鼓励荒坡地植树造林，提高区域水土涵养能力"，以及"矿产资源总体规划划定的禁止开采区内，禁止开山、采石、挖砂、取土等破坏地形的活动"的要求。

>> 《济南市"十三五"园林绿化事业发展规划》明确提出以"生态优先、立足民生，规划引领、科技支撑，项目带动、管理突破，弘扬文化、彰显特色，政府主导、社会参与"为原则，以创建国家生态园林城市为契机，紧紧围绕"加快科学发展，建设美丽泉城"总体部署，秉承"立足民生，卓越服务，园林让泉城更美好"的工作理念，强化建设与管理两大抓手，

做大做强城市绿化、公园景区建设管理和名泉保护三大职能，充分发挥园林绿化在城市生态文明建设和保障民生方面的作用与优势，不断改善城市人居环境，为实现济南市“发展更好、城市更靓、管理更优、生活更美”的任务目标提供有力保障。争取到 2020 年，城市建成区内绿化覆盖率、绿地率、人均公园绿地面积分别达到 40%、36% 和 11m^2，基本形成总量适宜、布局合理、功能完善、“山、泉、湖、河、城”有机相融、独具泉城特色、环境优美的山水泉城。同时强化管理、提升服务，全力打造“生态园林、民生园林、文化园林、特色园林”，在更高水平上实现济南园林绿化事业新跨越。

《济南市城市绿地系统规划（2010–2020 年）》提出以建设“生态园林城市、绿色和谐泉城”为目标，到 2020 年，争取建成绿地分布合理、生态环境优良、可持续发展基础雄厚的“山、泉、湖、河、城”相融合的、独具泉城特色的国家生态园林城市。

3. 政策法规保障

不断完善法规制度体系，强化立法和执法工作。一系列与山体生态修复相关的法规制度相继颁布（表 2–2）。济南市结合山体保护和修复发展需要，积极推进立法工作。其中，《济南市人民政府关于进一步加强地质工作的意见》中指出：“矿山环境恢复治理原则上谁开采谁治理。建设项目周围破损山体治理和地质灾害防治，由建设项目单位负责。”为做好山体和水源地的保护，目前济南正在划定山体保护红线，计划 2016 年出台《济南市山体保护管理办法》，规定红线内不准开采、不再设新矿区，一定坡度范围内的坡地不进行房地产开发建设，[24] 从立法层面对济南市的山体资源进行保护。此外，其他与山体资源有关的已颁布实施《济南市城市绿化条例》及实施细则、《济南市关于促进城市园林绿化工作健康发展的意见》、《济南市关于加强风景名胜区管理工作的意见》等政府规章，都对山体绿化与管理层面进行了规定，各种规范性文件对山体生态修复工作提供了有力保障。同时，结合名泉保护管理条例的修订进一步划定山体红线。

济南市山体修复相关的政策法规情况　　表 2–2

序号	法规制度名称	具体情况
1	《济南市破损山体专项整治实施方案》	2005 年启动实施
2	《济南市人民政府关于进一步加强地质工作的意见》	发布实施
3	《济南市山体保护管理办法》	研究出台
4	《济南市人民政府办公厅关于加快推进城区山体绿化工作的意见（济政办发〔2014〕9号）》	发布实施
5	《济南市风景名胜区管理办法》	完成草案编制
6	《济南市城市绿化条例》及实施细则	发布实施
7	《济南市关于促进城市园林绿化工作健康发展的意见》	发布实施
8	《济南市关于加强风景名胜区管理工作的意见》	发布实施
9	《济南市名泉保护条例（修订草案）》	研究出台

4. 市场机制运营

按照中央城市工作会议提出的 “坚持协调协同，尽最大可能推动政府、社会、市民同心同向行动，使政府有形之手、市场无形之手、市民勤劳之手同向发力”，济南市在山体生态修复过程中，应充分发挥好市场机制作用。一是积极引入市场机制，在山体海绵工程建设中，积极推进建设项目 PPP 融资模式，拓宽市场融资渠道，提高工程建设效率。二是在工程建设中，济南市应加强对 PPP 实施项目的指导，保证山体生态、景观功能的同时，不断完善山体的海绵功能，确保山体工程建设的质量和水平。

5. 公众参与管理

中央城市工作会议提出：“要提高市民文明素质，尊重市民对城市发展决策的知情权、参与权、监督权，鼓励企业和市民通过各种方式参与城市建设、管理，真正实现城市共治、共管、共建、共享。”济南市在实施城市山体生态修复的过程中，以“倾听民声、善解民意、广纳民智”为理念，不断收集群众的意见和建议，并将其实施到工程建设中。强化政务公开，在山体生态修复和山体公园建设过程中，对重点工程、重点工作及时报道，广泛宣传，充分保障公众知情权，鼓励市民提供意见和建议，参与到工程建设中来，坚持市民联席会协调机制和管理制度，不断问政于民、问需于民、问计于民，通过召开园林市民联席会的方式，实现由“为市民管理”到“和市民共同管理”的转变。

第3章

破损山体治理

为做好城市“显山露水”，尽显山色之美，2007年以来，济南市通过不断加大破损山体治理力度，逐渐消除了地质灾害隐患，改善了治理区的生态地质环境，同时恢复了山体景观风貌，提升了城市形象。

3.1 实施背景及内容

> 近年来，济南市在城区范围内对千佛山风景名胜区内的卧牛山、佛慧山、卧虎山等山体实施了保护建设工程，先后实施了山体地质灾害应急治理，通过排除险石、危岩加固等措施，消除了地质灾害隐患。

3.1.1 实施背景

> 2005 年，面对破损严重的山体现状，济南市首先对“三区一线”（风景名胜区、自然保护区、城市规划区和主要交通沿线）可视范围内的小采石厂等进行了关停，但遗留下大量的破损山体影响了城市形象。济南绕城高速以内有大小山体 156 座，其中 126 座山体需要绿化，山体破损面积达 1860 万 m^2，特别是有些山体由于缺乏植被，极易发生自然灾害，对人民群众的生命和财产安全造成威胁。[25] 为保障山体安全，在城区范围内全面开展山体隐患治理，为市民创造平安优美的山林休闲环境。通过对城区破损山体和地质灾害隐患调查，济南市分期分批实施地质灾害隐患治理。首先将治理的重点放在城区及各主要交通沿线城市出入口附近地区，采取开平开发、垒堰砌台、“种子包衣”、“客土吹附”等先进技术方法进行绿化，或者根据开采面的条件采用喷涂制作广告、艺术画等形式进行处理。

3.1.2 主要内容

> 为改善城区山体环境，通过不断实施高质量、高标准的工程整治措施，地质灾害、山体滑坡等安全隐患得到了极大改善，同时通过山体基本绿化，逐步恢复了山体的生态环境。

> 1. 地质灾害防控

> 在治理前，城区部分山体包括景区存在的地质灾害隐患主要是山体崩塌、滑坡及落石等。通过采用工程技术手段对山体进行加固，增加山体稳定性，无法加固的山体通过人工手段将松动的山体提前进行崩塌，消除隐患。如开元寺遗址山崖、大佛头及千米画廊沿线等均采取上述措施进行了排险加固，保证景区及游人安全。

专栏 3-1

>> 佛慧山破损山体治理：千佛山风景名胜区佛慧山通往山顶的消防通道一侧山体存在不稳定边坡地质灾害隐患，威胁过往行人、车辆安全。主要治理措施为削坡排险、渣土外运、裂缝注浆。

>> 浆水泉长生林破损山体：浆水泉长生林南侧存在一处地质灾害隐患，威胁墓穴安全。主要治理措施为排除险石、砌筑挡土墙、预应力锚杆加固。

2. 山体滑坡隐患防控

在对破损山体治理的过程中，由于部分山体坡度陡峭，有的是过去开山采石留下的断崖，有的土层较薄，存在大量碎石，一旦土层松动，极易发生山体滑坡。主要是通过工程技术手段和生物技术手段，如清理碎石、挂网喷播绿化、修建挡土墙补植植被等，增强山体陡坡的稳定性和安全性。如卧虎山西坡断崖，佛慧山南、北坡防火车行道部分路段等均采用此种技术手段。

3. 山体基本绿化

绿化美化城区山体，建设城市森林体系，不仅能为泉城增绿添彩、带来生机，为市民提供宜居宜业的生活环境，更重要的是可以涵养水源，创造自然优美的生态环境。

在城区山体绿化建设过程中，将城区山体绿化与城市规划相融合、相衔接、相协调。把城区山体绿化作为城市建设规划的一项因素来统筹考虑，在重要片区和重点项目中，把山体绿化形成的绿化面积列入片区的绿地面积进行使用。其次，因地制宜、适地适树、分类规划，合理确定不同山体绿化模式和建设方案。对主要道路两侧、城郊接合部的山体，通过乔灌花结合、常绿树与阔叶树混交、彩叶树种配置和栽植大规格苗木等措施，实施高标准绿化提升。对于其他区域的山体，采取多树种配置实施绿化，突出整体效果。

按照"城区园林化、农村森林化、道路景观化、水系林带化"的总体要求，科学合理地做好城区山体绿化规划布局。综合考虑山体景观效果和生态效果，选择最适宜树种，做到总量适宜、物种多样、景观优美。同时多栽植一些圆柏、侧柏等常绿树种，在提高城区山体绿化档次的同时，充分发挥其降噪、降风、减尘等生态功能。统筹考虑山体整体绿量、绿化层次、季节变化等因素，大力推进树种结构多元化、绿化层次森林化、绿化效果艺术化，积极打造"春季有花、夏季有绿、秋季有果、冬季有景"的特色绿化景观。[26]

3.2 主要规划方法和技术措施

在已完成的城区重要破损山体治理的过程中，主要采取了以下做法:

3.2.1 注重防范，确保山体安全

通过采取工程措施消除不稳定边坡地质灾害的威胁，保证人民生命财产安全。从 2005 年起，为避免山体生态环境进一步恶化，济南市根据有关规定，要求各县（市、区）首先关停市区及周边露天矿山、石场、灰窑，依法查处开山采石、修路建房等破坏山体的行为，加强对停采矿区的巡回检查，防止新的破损山体出现；同时编制破损山体治理规划对破损山体进行治理。[27] 近期，在调研的基础上，正在编制并即将出台的《济南市山体保护管理办法》，以及山体的绿线划定，更是提前防范，为保护山体安全提供了法律依据。

3-1

图 3-1 卧虎山东坡山体破损面

3.2.2 生态优先，工程措施与自然环境相协调

> 在破损山体治理过程中，注重生态优先，充分保护山体原生态环境，在此基础上所采取的工程措施十分注重既不破坏周边自然环境和地质环境，又保持环境的整体协调一致，尽量维持山体的自然形态，工程措施充分考虑与本区环境的协调性，确保整体自然环境的和谐。

3.2.3 因地制宜，采取切实可行的工程措施

> 在治理方法上，按照因地制宜的原则，针对每一座破损山体的不同特点，研究确定不同的治理方法。结合实际，根据地质灾害实际情况，选取切实可行的施工措施，确保所采取措施具有实际的可操作性，能够顺利实施。比如，对适宜修复绿化的破损山体，进行综合绿化修复；对符合复垦和整理条件的破损山体，结合土地开发整理项目实施同步治理，进行整理造地、开发利用；对房地产开发建设项目邻近的破损山体，与项目建设捆绑治理，统一规划，同时施工，既治理了破损山体，又美化了周边环境。当然，破损山体治理工作中，引入开发企业建设，也有助于防止山体配套设施过大、商业气息过重的问题。

专栏 3-2

>> 让我们来看一篇 2007 年的报道，济南东部住宅小区荷兰山庄的东侧原是一片破损山体，经开发商进行破损山体治理和景观建设以后，不仅绿化率大为提高，山体安全隐患和景观也得到了有效治理。此后，良好的小区周边环境使开发小区的品质提高，一举实现了治理破损山体与房地产开发的“双赢”。[21]

3.2.4 突出特色，植物配置与景观营造富有活力

> 破损山体在治理过程中，突出特色，注重植物种植合理搭配，疏密有致，满足山体立面遮挡要求；同时，考虑山体绿化植被的季相变化，塑造适合在山地生长的特色植物品种，如黄栌、火炬树、山桃、紫穗槐、连翘、金银木、迎春等。

3.2.5 合理优化，确保工程经济合理

> 根据实际情况进行合理优化，既要消除灾害隐患，又要确保经济合理。由于对城市破损山体整治的投资并不像其他一些投资项目那样经济效益显著，故如何做好融资成为山体修复中资金不足的一大难题。为拓宽融资渠道，确保工程经济、合理，部分山体在治理过程中动员社会力量，尤其是有财力的房地产开发公司“捆绑”承担治理破损山体的责任，破损山体离谁近，就由谁负责治理，并明确将房地产建设单位与周边的破损山体治理“捆绑”在一起。

3.3　典型案例：卧虎山破损山体整治工程

3–2

> 卧虎山位于济南市区南部，属千佛山风景名胜区金鸡岭景区。卧虎山山体由于早年石材开采造成东坡山体破损严重，存在安全隐患（图 3–1）。

> 经调查，破损山体受采石影响，坡面形态为凹型，中间尚存未挖断的山体，长约 56m。边坡高度约 12~32m，长度约 280m，坡度约 70°~80°，岩性为厚层石灰岩。主要岩层倾向坡内，为内倾坡型。采石场边坡受地质构造和人类工程活动影响，坡面岩体极其破碎，坡体中上部有危岩体发育，最大危石体积长约 2~3m，宽 2.5m，厚约 0.5m，多发育有 0.4m × 0.2m × 0.2m 大小的危岩体，且部分危岩体已处于悬空状态，即处于极限平衡状态（图 3–2）。北侧立面顶部出现卸荷裂隙，裂隙长约 1.5m，宽约 8cm（图 3–3）。

> 公路西侧不稳定边坡立面高约 9~13m，长约 550m，坡度为 70°，坡向东，主要岩层倾向坡内，为逆向坡。坡面发育受节理裂隙切割影响，坡体中上部较为破碎，最大危石体积长约 1~2m，宽 0.4m，厚约 0.5m，多发育有 0.1m × 0.1m × 0.05m 大小的危岩体，且部分危岩体已处于悬空状态，即处于极限平衡状态（图 3–4、图 3–5）。

> 经勘察，破损山体废弃采石场边坡整体稳定性差，存在崩塌灾害的可能性极大，存在滑坡地质灾害的可能性较小。道路西侧不稳定边坡整体稳定性较好，局部发育危岩体，存在崩塌的可能，而滑坡发生的可能性小。在降雨、地震、爆破震动以及其他外营力作用下容易发生崩塌落石，将对过往行人和车辆构成威胁。针对这一问题，施工主要对破损山体采取削坡、砌垒挡墙、回填土石方等多种形式进行综合治理。同时结合山体整治，适当增加植被，起到固土、减少雨水冲刷、防止水土流失的作用。

3.3.1　山坡改造，增加植被

> 卧虎山东坡破损的山体原始地质较为松散，裸露地面多为石渣土，雨天易发生滑坡、泥石流等灾害。为改善这一环境，使用机械对山体进行削坡排险，清除山体原有石渣，降低坡度（图 3–6）。随之回填种植土，栽植苗木，不仅防止水土流失，同时增加植被面积，丰富山体色彩，改善山体环境（图 3–7）。

3.3.2　削坡排险，修建台阶

> 公路西侧为山体开采后遗留的断崖，边坡不稳。施工中将边坡上的危岩体彻底清除，清除后保证坡面无松动危岩存在（图 3–8）。对陡峭的断崖采用设置防护网护坡、喷播种植的绿化方案，并利用断崖上自然形成的“V”字形石窝砌筑种植穴，栽植乔木，形成很好的绿化效果，实现工程建设景观性和经济性的统一（图 3–9）；对较缓的断崖采用堆砌山石和毛石挡墙相结合的方案，延续原有山体的肌理，栽植大量乔木和花灌木进行绿化（图 3–10）。入口处结合原有台阶，在其两侧增加植物组团绿化，尤其栽植大规格、大体量花灌木和色叶

3–3

植物，打造特色景观入口（图 3-11）。

3.3.3　砌筑挡墙，加固护坡

> 由于破损山体坡度较大，根据现场地形需要，砌筑 4m 高挡墙以加固护坡，施工工艺为毛石碎拼，与周围山体环境相协调。同时留有排水管道，减少雨雪天气对墙体的冲击。由于地势较高、坡度较大，此挡墙为了安全起见并没有增设上山通道，防止市民发生危险。

3.3.4　开拓平台，修建健身场地

> 卧虎山周边多为居民区，市民较多，为丰富市民生活，开拓出一定面积的平台作为休闲健身场地。在繁华的都市生活环境中增添郊外风光，散散步，沐浴阳光的温暖，加之景廊、坐凳等小品的增设，为市民提供了一处良好的休闲健身之所（图 3-12）。

3.3.5　苗木栽植，绿色家园

> 卧虎山原始地面多为裸露岩石，在对破损山体整治之后全部回填种植土，栽植大量苗木，丰富山体色彩。其中包括常绿苗木蜀桧、龙柏、大叶女贞，色叶树种紫叶李、黄栌、五角枫，

3-4

3-5

3-6

3-7

图 3-5　公路西侧不稳定边坡 II
图 3-6　机械清理削坡、回填土
图 3-7　苗木种植后效果
图 3-8　陡峭断崖清理排险
图 3-9　陡峭断崖喷播后效果

3-8

开花植物丁香、连翘、迎春、蔷薇、木槿，地被植物小叶扶芳藤、铁线莲等，做到乔木与灌木、地被，常绿植物与落叶植物相结合，逐步形成复层植物群落结构，且年年有花、四季常绿（图 3-13、图 3-14）

3.4　实践成果

> 为做好破损山体治理工作，2007 年至 2015 年，济南市共完成了“三区一线”（风景名胜区、自然保护区、城市规划区和重要交通沿线）可视范围内 165 座破损山体治理任务，共治理破损面积 1860 万 m^2。同时，整理造地 1910 亩（1 亩 ≈ 666.67m^2），[28] 通过这些工程的实施，消除了地质灾害隐患，恢复了地质地貌景观，产生了良好的环境效益、社会效益和经济效益。

3-9

3-10

图 3-10　上山入口

3-11

3-13

3-12

图 3–11 缓坡断崖绿化后效果
图 3–12 卧虎山休闲健身场地
图 3–13 广场绿化后效果
图 3–14 道路两侧绿化后效果

3 – 14

IV 第4章 山体公园建设

近年来，为全面实施城市生态修复，不断保护优化城市生态空间，恢复提升城市生态功能，济南市相继推出了城市绿荫工程、绿色生态屏障建设、裸露土地绿化工程、山体公园建设、海绵绿地建设等一系列组合拳。山体生态修复及公园建设贯穿于以上工程之中。为努力实现城区山体绿化全覆盖，加快建设山水融合、林城一体、生态良好的美丽泉城的工作目标，启动实施了山体绿化三年行动，目前已相继建成卧虎山、郎茂山、牧牛山等 20 余处山体公园，取得了显著成果。

4.1 实施背景

> 随着城市化进程，建成区逐步向外拓展，原来城郊的山体逐渐融入城市，形成了山在城中、城在林中的城市新格局。但是，部分山体由于地质、历史等原因，破损严重，岩石裸露，寸草不生，严重影响了城区景观和周边居民的生产、生活环境。同时，由于缺乏绿化和基础设施，周边居民守着大山却不能亲山、近山、游山。为了使市民能更好地就近游园，济南市相关部门在充分调查和论证的基础上，对城区部分山体在进行山体基本绿化并充分考虑生态容量的前提下，实施了山体公园建设。

4.2 主要做法

> 济南市山体公园建设通过科学的规划、设计、建设施工和养护管理，将项目建设打造成为精品工程、民心工程。

4.2.1 科学规划

> 在山体公园建设前期进行了细致的研究和规划，并注意与城市规划相融合、相衔接，统筹考虑、科学安排，坚持一切从实际出发，遵循自然规律。

> 1. 摸底调研，精准施策

> 为做好济南市山体生态修复及山体公园建设工作，前期相关责任单位对济南城区山体情况进行了深入的摸底调查，充分掌握山体现有的植被资源、文化资源、地形地貌等，保证设计依据科学合理。济南 2013 年 7 月启动山体调查工作，目前已初步查明济南市山体资源的现状：全市范围内有大小山体 642 座，主要分布在济南南部和东部，山体主体由灰岩构成；北部有零星小山，山体主要由闪长岩和辉长岩构成。按照由近及远、由市区到郊区的顺序，初步划定了山体保护红线：340 座山体，即 53% 的山体都被划定了保护红线，其中重点保护山体 303 座，一般保护山体 21 座，开发利用山体 16 座。[29]

> 前期通过对绕城高速内 126 座山体调查发现，其中有不少山体适合改造成供市民休闲娱乐的山体公园。通过进一步优化城市公园绿地布局，因地制宜，依山建园，方便市民就近游园，在家门口实现登山远望、健身休闲的愿望，逐步实现“300m 见绿，500m 见园”的目标。

> 2. 政府主导，合力推进

> 2014 年，在前期充分调研的基础上，济南市政府办公厅下发了《关于加快推进城区山体绿化工作的意见》（简称《意见》）（具体内容见附录 A），提出高起点规划、高标准建设、

高质量推进城区山体绿化和山体公园建设，努力实现城区山体绿化全覆盖，加快建设山水融合、林城一体、生态良好的美丽泉城的工作目标。

在山体公园建设实施过程中，按照市政府《意见》要求，城区山体绿化工作实行属地管理，各区政府具体负责辖区山体绿化提升和山体公园建设，并建立起了有效的工作推进机制，确保了工作进度和质量。同时，通过相关部门有效的配合和通力协作，确保了任务的高效落实。为保障山体公园建设的科学实施，根据《意见》的要求，市林业局全面做好了城区山体绿化的日常组织协调工作和山体绿化提升技术指导；市城市园林局实施了济南林场范围内的山体绿化，并对城区山体公园建设提供了良好的技术指导，市国土资源局在破损山体治理与矿山复绿技术方面提供了有效的指导。

3. 制定规划，分步实施

为了有效改善城市生态环境，保护城区山体，彰显泉城“山”的特色，提升市民的生态福祉，2014 年在下发《关于加快推进城区山体绿化工作的意见》的基础上，济南市启动了山体绿化三年行动计划，对绕城高速内 126 座山体进行绿化，具备条件的建成山体公园。根据

4-1

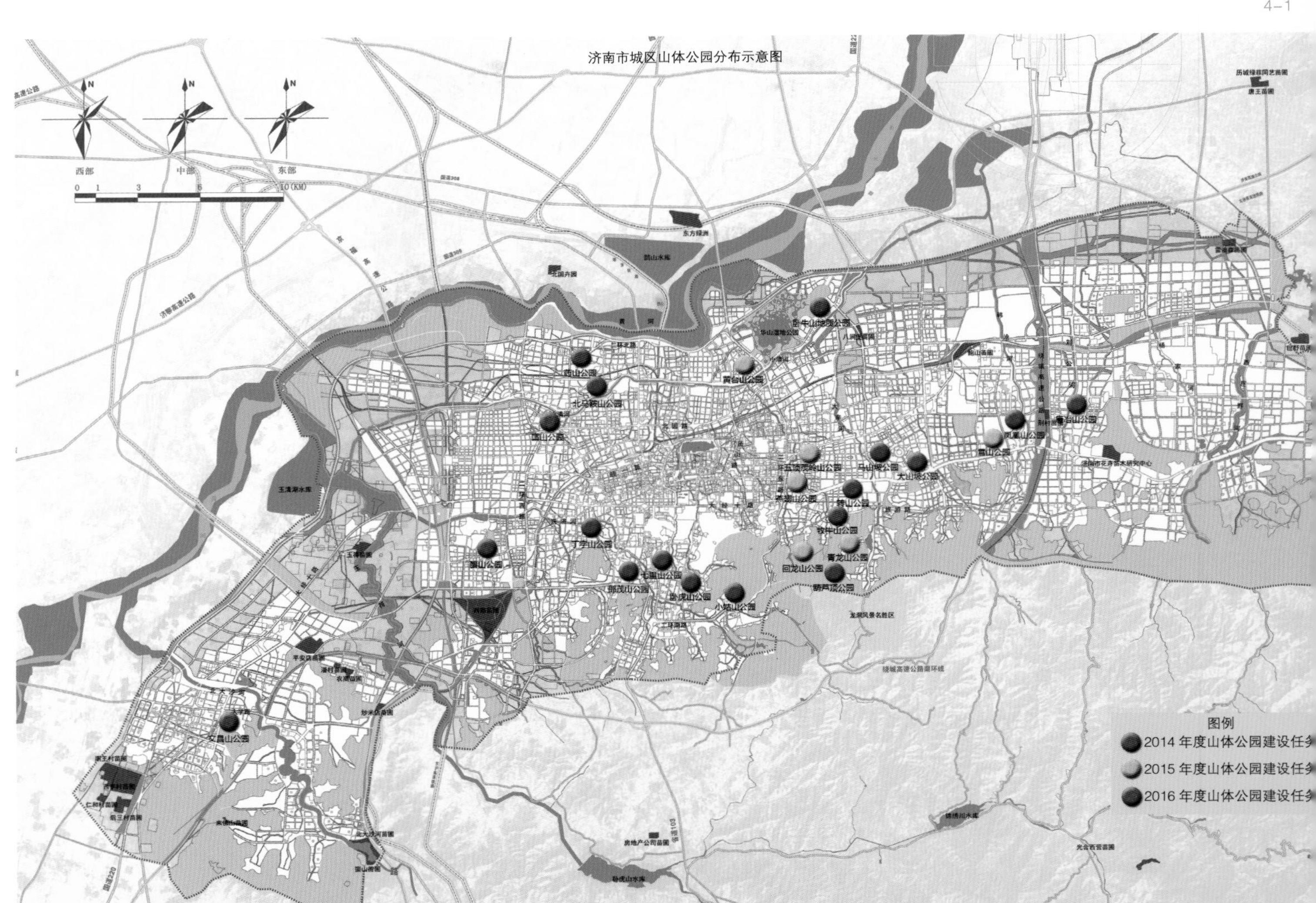

计划，2014 年开工建设佛慧山、卧虎山、牧牛山、郎茂山、腊山、药山、卧牛山、七里山等 12 处山体公园；2015 年建设山体公园 16 处（含续建），其中，燕翅山、转山、汉峪公园、舜奥公园、葫芦顶、平顶山、金鸡岭、泉子山等 8 处是新建； 2016 年开工建设山体公园 16 处，续建项目包括转山、郎茂山、腊山、药山、文昌山、涵玉公园（中岭子山）、舜奥公园（元宝枫山），新建项目 9 处，分别是五顶茂陵山、万灵山南坡、丁字山、标山、东凤凰山、龙凤山体育公园、北大山徐志摩景区、阁老山、玉皇山。按照这一计划的实施推进，到 2016 年底，济南市将绿化山体 70 余座，建成山体公园 25 处（图 4-1）。

4.2.2 设计原则

> 济南市在城市山体绿化及山体公园景观设计和工程中，做到符合当地市情，突出山体绿化及山体公园的特色，结合佛慧山、七里山、牧牛山等前期山体公园建设经验，组织制定了《济南市城市山体绿化及山体公园设计导则》（具体内容见附录 C），既突出效能，又强化科学，在山体公园建设中有效地落实了以下设计原则：

> 1. 坚持保护优先的原则

> 严格保护自然与文化遗产，保护原有自然资源、景观特征、地方特色和历史文脉，维护生物多样性和生态良性循环，防止污染和其他公害。

> 2. 坚持生态性的原则

> 选择适合本区域栽植的树种，进行造林、绿化工作，设计应丰富植被层次，促进植被的更替，构建原生及迁徙动物的生存环境，充分发挥环境的生态功能。

> 3. 坚持因地制宜的原则

> 充分了解场地现状的地理、环境、历史人文资源等景源的综合潜力，在设计中应突出游览观赏主体，合理布局，竖向符合山体地形，选用符合山体特色的材料及植物，配置合理规模的服务设施（交通设施、休憩设施等），体现当地特色。

> 4. 坚持合理利用的原则

> 统筹权衡风景环境、社会、经济三方面的综合效益，权衡山体绿化和山体公园自身发展与社会需求之间的关系，减少城市化、商业化倾向，创造风景优美、生态环境良好、景观形象和游赏魅力独特、人与自然协调发展的游憩境域。

> 5. 坚持协调统一性的原则

> 山体绿化及山体公园的景观设计应符合山体的特征，体现山体风貌特色，工程做法应与山体的环境相协调。

> 6. 坚持低影响开发的原则

> 海绵城市建设为济南山体生态规划提出了更高的要求和良好的契机。在山体公园建设

中，全面贯彻低影响开发理念，充分结合建设地点的地形、地貌及周边环境等因素，融合海绵城市“渗、滞、蓄、净、用、排”的设计理念，精心设计，精心施工，将植物增渗、山谷拦蓄等海绵绿地施工技术应用到山体公园建设中，建设自然积存、自然渗透、自然净化的海绵绿地，充分发挥其对雨水积存、渗透和净化的作用。

4-2

4.2.3 总体建设思路

坚持保护优先、因地制宜、合理利用的原则，以突出体现自然山体特色为主，做好山水相融的风景，结合山体优势，打造不同特色，方便周边居民，带动区域环境的整体提升。

1. 通过示范引领做好山体公园建设工作

通过重点打造卧虎山、七里山等一批特色突出的山体公园精品工程（图 4–2、图 4–3），以点带面，示范引领，全面推进城区山体公园建设工作。为全面做好山体公园建设，在示范项目的基础上，通过召开建设经验交流会、现场观摩学习等方式，使各相关责任单位充分了解建设情况，总结建设经验，并深入分析山体公园建设中存在的问题，以示范带动项目的全面实施。

2. 注重自然野趣和施工工艺

遵循“生态、自然、野趣、节约”的建设理念，充分挖掘山体自身的自然地貌和文化特色，同时最大限度地减少人工痕迹，展现山体公园的原生态特色，是济南市在山体公园建设中一以贯之的理念。在施工过程中，注重对自然风貌、自然地形的保护，充分体现山体公园的本土化、野趣化、自然化，充分保留、保护自然地貌和林地（图 4–4），不过度开发建设山体公园，充分把握好山体开发与山体生态承载力之间的关系，在山体生态承载的范围内进行山体公园建设。同时，在苗木选择上，以乡土树种为主，营造山体绿化景观，大多数苗木来源于当地苗圃，五角枫、栾树、黄栌等风景树种被大量使用，丰富了山体的植物景观和季相、林相（图 4–5）。

以上思路在各山体公园建设中都得到了很好的体现。葫芦顶、平顶山、金鸡岭等山体公园在规划设计时，充分考虑了相关山体的实际情况，尽量保留位置合理的原有山路和健身广场，尽可能少开发建设，以减少施工和游人踩踏对自然生态的破坏。平顶山公园的游步道建设选择了植被良好、山石分布自然的路线，运用糠粱砂、清口石、冰纹石等多种材料，建成的道路既风格多样，又与周围环境相协调。辐射东部唐冶新区的唐冶山山体公园工程，共栽植各类苗木 3340 株，铺设草坪 5500m^2，山中蜿蜒的鹅卵石小路、错落的假山以及古香古色的景观亭吸引着新区的市民。

3. 适当融入海绵城市建设

针对山区普遍缺水这一现实，济南市在山体公园建设中，结合海绵城市试点工程，为提升山体涵养水源的能力，特别注重海绵城市建设理念的运用，将“海绵”理念适当地融入部分山体公园建设中。根据具体情况，增加低影响开发设施等技术手段，结合公园绿地建设和改造，适当建设下沉式绿地和植草沟，实施透水生态铺装及其他雨水

4-3

图 4-2　林中健身广场（卧虎山）
图 4-3　山顶处游览道路（卧虎山）
图 4-4　改造后具有野味的英雄山

4-4

调蓄设施，提升山体公园景区消纳自身及周边雨水的能力。实施生态涵养区建设，大力开展植树绿化，丰富山体植被，涵养水源，并依托山体地势合理设置雨水收集、拦蓄及利用设施。

> 为探索真正适合山体型绿地海绵城市建设工艺，提高工程建设质量，突出城市特色，在建设中，以本土化、野趣化、自然化为重点，将海绵城市的设计理念同景区原有地形地貌和景观特征有机结合，合理配置植物，并针对不同区域的地形特点，通过拦蓄墙、植草沟、下沉式绿地、导水沟槽、涵洞、暗管、渗水塘、蓄水池等雨水收集利用设施的组合使用，最大限度地提高城市雨水综合利用水平。

> 山地型海绵绿地建设要高度重视以下几点：一是要重视排洪设施，特别是截洪沟的配套建设，使山体与城市防洪体系相协调；二是要重视海绵绿地建设中的树木配置；三是要重视海绵基础工程与园林景观的高度协调。

专栏 4-1　山体海绵绿地具体实施措施

>> （1）加大绿化，丰富种植层次，增强雨水渗透、缓释

>> 尊重山体原有地形及自然植被覆盖情况，加强裸露山体绿化，增加乔木和中下层植物的栽植，通过植物阻滞雨水、涵养水源，增强雨水渗透、缓释。实施海绵城市建设的区域均为山地，原有的植被大部分为针叶侧柏林，而且部分区域存在裸露山体和坡地。工程规划建设中通过增加阔叶树种、灌木和地被植物的种植，提高绿化覆盖率，利用植物对雨水的阻滞作用，减少洪峰流量，降低雨水地表径流，增加雨水滞留量（图 4-6、图 4-7）。

>> （2）合理疏导，层层拦蓄，分散雨水径流

>> 根据山体地形、汇水分区、植被特点及景观需求，合理梳理组织山体的汇水、排水、蓄水路径，自上而下设置多级水平阶，对雨水进行层层拦蓄、分散消化，降低雨水径流速度，分散排入绿地，增加雨水缓释、渗透功能。同时，结合山谷、山涧合理设置拦蓄设施，有条件的可连接横向水平阶，分散缓释雨水（图 4-8）。

>> 结合山地较缓山谷下游的台地及裸露山体，规划建设下沉式绿地（图 4-9）。根据统计，目前在佛慧山、兴隆山、金鸡岭三个景区已建成下沉式绿地 5.1 万 m^2。

>> 通过对山地地形特点和汇水区分析，科学布局各类山谷拦蓄设施（图 4-10）。山体上部地形较陡，且多为山石，一般不设置拦蓄，主要在山体中下游设置拦蓄挡墙，结合地形在山谷末端设置蓄水深度为 0.5~1.0m 的渗透塘（图 4-11）或蓄水池，收集雨水。

>> （3）合理存蓄，对雨水收集、渗透或利用

>> 一是根据山体地形和汇水特点，在雨水汇集处，合理设置存蓄设施来存蓄雨水，削减径流，用于周边绿化灌溉或设施用水等。

>> 二是根据地形特点，针对山地坡度较大、降雨汇流速度快等特点，在山体末端（山体底部）地形较缓处、低洼地带等集中汇水区域，形成渗透塘（图 4-12）、湿塘（图 4-13）等净化、收集雨水，增加渗透时间，收集的雨水可用于周边绿化灌溉，超标雨水排入市政雨水管网。

4-5

>> 此外，雨水经过层层拦蓄过滤，未能下渗的雨水通过末端雨水收集系统（图 4-14）汇集到山下的蓄水池和湿塘中，可以用于绿化灌溉、景观以及消防用水。

>> （4）优化场地及游览路径流组织，削减雨水径流

>> 一是避免游览路垂直于等高线布局，合理确定场地坡向及道路的纵、横坡，组织径流汇入绿地或各收集设施。坡度较大、坡长较长的游览路，结合现状分散设置导流槽（图 4-15）等设施，车行路可结合减速带设置，将雨水分段引入绿地或雨水收集设施中。

>> 二是根据山体情况，在场地或游览路靠近上坡的一侧设置截洪沟或植草沟，并层层分散引入绿地，削减峰值；靠近下坡的一侧使用平沿石或局部路沿石放低，将径流汇入绿地或各类设施中。

>> 结合实施区域现状，在游步道或车行道边侧设置渗透植草沟（图 4-16）或截水沟，渗透、滞留、转输雨水，降低雨水径流流速，减少径流流量，起到调蓄峰流量的作用。

>> （5）统筹兼顾，保障安全、景观和效用

>> 一是避免山体中的雨水收集形成规模较大的水流，设施的选用和布局必须考虑游览安全和生态安全，景点附近的设施应兼顾安全性和景观性。

>> 二是做好超标雨水与市政管网的衔接，避免发生暴雨、特大暴雨时雨水外排到市政道路。

>> 三是山体类绿地主要以控制内部雨水为主。

4-6

4-7

4-8

4-9

4-10

图 4-8 海绵城市建设水平阶雨后效果（佛慧山）
图 4-9 山体公园植草沟（千佛山）
图 4-10 山谷拦蓄设施（兴隆山）
图 4-11 渗透塘（兴隆山）
图 4-12 渗透塘（卧虎山）
图 4-13 渗透塘（千佛山）

4-11

4-12

4-13

图 4-14　末端雨水收集系统（兴隆山）

4–15

图 4-15　雨水导流槽（金鸡岭）

专栏 4-2

>> 为探索适合山体型绿地海绵城市建设工艺，在佛慧山、兴隆山、金鸡岭工程建设之初，集中力量完成了兴隆山分水岭区域山体型海绵绿地样板段建设。相关建设以本土化、野趣化、自然化为重点，将海绵城市的设计理念同景区原有地形地貌、景观特征有机结合，合理配置植物，并针对不同区域的地形特点，施以不同的工艺：缓坡处多砌垒水平阶，增加山体雨水的滞留面和渗透量；陡坡处则多采用砌垒鱼鳞坑和喷播相结合的方式，尽可能对雨水冲刷进行消力，减少雨水流失；通过拦蓄墙、植草沟、下沉式绿地、导水沟槽、涵洞、暗管、渗水塘、蓄水池等雨水收集利用设施的组合使用和砌筑鱼鳞坑、水平阶、铺设糠粱砂路等措施，最大限度地提高了山体对雨水的蓄渗，也最大限度地提高了城市雨水综合利用水平。

>> 在佛慧山景区，整齐而极富层次感的水平阶和鱼鳞坑，各种大小不一的蓄水池合理布局；英雄山风景区在七里山公园建设时，适当设置水平阶等拦蓄设施，形成了下沉式绿地，以减缓雨水径流，增加渗透量；在五里山增设蓄水池，结合现有地形形成临水景观及多级跌水，并在水系末端通过自然石堆砌形成静水景观池，增加拦蓄能力的同时，还可以满足附近山林养护及防火需求。

> 4. 注重山体文化特色发掘和保护

> 在山体公园建设中充分注重对山体文化的发掘和保护。山体公园建设不仅把荒山染绿，还充分发掘山周围的历史文化，在山中建设和恢复与当地文化相关的遗址遗迹以及设立讲解牌等，让市民在游山的同时，学习历史知识，感受文化的魅力，实现了“一山一色”。

> 例如，金鸡岭山体公园半山腰有许多丰富多样的石刻，均由登山爱好者所创作，草隶楷篆，镌刻精美，尤以“舜龙崖”处最为精彩，在公园建设过程中，这些石刻文化得到很好的保护和发掘；在牧牛山山体公园建设中，参考宋朝普明禅师的《牧牛图颂》而制作了大型石刻《牧牛图》；药山山体公园工程在建设中融合了药山周边传统文化，以打造弘扬中医药文化为特色，使公园既满足周边市民休闲健身的需要，又具备文化、科普宣传功能，增加公园历史文化气息；卧虎山公园、郎茂山公园在建设中都对山上的战争遗迹进行了恢复，既增加了游览的文化内涵，又可警示游人，接受爱国教育。

> 5. 注重市民参与，广纳民意

> 在山体公园建设中始终秉承“共建、共享、共治”的理念，从规划、设计到建设，邀请群众全程参与。及时将市民的合理化建议融入到工程施工中，最大限度地满足市民的需求，将立足民生的建设理念落到实处。通过新闻媒体公布各区山体公园建设征求市民意见的联系人、联系电话和电子邮箱，确保山体公园建设的每个环节、每项工作都让群众参与、受群众监督、请群众评判，对于市民的合理化建议，建设者们及时将其融入到工程施工中，把山体公园建设切实打造成民心工程。

专栏 4-3

>> 自 2013 年起，园林部门连续三年开展“园林工作怎么干，请您

4-16

图 4-16 植草沟（千佛山）

一起来谈谈”市民意见、建议征集活动，每年为期一个月的与群众面对面活动，让园林部门吸纳了大量最鲜活、最具体的市民意见和建议。2014 年 5 月 13 日，市城市园林绿化局公布山体公园建设标准，开通了 7 部热线电话，专门征集群众关于山体公园建设的意见和建议。通过新闻媒体公布各区山体公园建设征求市民意见的联系人、联系电话和电子邮箱，确保山体公园建设的每个环节、每项工作都让群众参与、受群众监督、请群众评判，把山体公园建设切实打造成惠民工程。

>> 自启动牧牛山山体公园建设后，附近几名群众每天雷打不动地到施工现场“监工”，看见修缮不到位的，就去给施工方提意见，山体公园的石凳也在他们的要求下，换成了木凳，这都充分体现了一开始秉承的山体公园“共建、共享、共治”的理念。

4.2.4 主要施工手段和技术措施

> 按照山体公园施工流程，山体公园建设主要包括施工前准备→山体排险→场地整理→道路建设→设施砌筑→苗木种植→养护管理，其中山体排险、场地整理是山体生态修复的基础。

> 1. 山体排险

> 在山体生态修复之前对破损山体进行整理修复，主要是对破碎岩体陡立面进行削坡、卸载、整形，排除山体安全隐患；修剪挡土前对易滑塌体进行挡护、固定，提高稳定性。重点见第三章破损山体整治的相关内容。

> 2. 场地整理

> 在山体排险治理的基础上，进行场地整理，以进一步对山地场地进行微调，改善植物生长环境和雨水径流环境，减少水土流失，为植物生长、场地覆绿、雨水调蓄提供良好的条件。

> （1）整地方式

> 济南山体需要绿化提升的区域也是绿化的难点，土层瘠薄，裸岩较多，目前较为常用的是采用常规鱼鳞坑、毛石浆砌鱼鳞穴、水平阶、回填客土等方式进行场地微调。鱼鳞坑（图 4-17）和水平阶（图 4-18）建设随坡就势，根据现场地形合理地选择建设地点、大小和形式。鱼鳞坑等的建设用石注重借助现场材料，将挖坑时挖出的石材现场堆砌再利用，同时具有自然、生态、节约成本等多重优势。在部分具备条件的重点区域，采取全面覆土方法，提高绿化标准。

专栏 4-4

>> 1）常规鱼鳞坑

>> 常规鱼鳞坑指的是利用石材堆砌而成的设施，特点是材料全部为天然材料，自然生态

但强度相对较差，且不利于储存雨水。

>> 规格：长 × 宽 × 深：1.5m×1m×0.6m。堰中间高 20~30cm，堰宽 20cm，穴距 2m、行距 2m。整地时清基垒堰，先向下挖，深度不够时，向上砌垒石堰，松动土石必须先清出坑。回填原土时，穴内土壤中的杂草和直径大于 3cm 的碎石都要除净，如原土不够，回填符合植树要求的种植土。穴面外高里低，外表面整齐平滑美观，无缝隙。对于荒山荒坡，整地密度控制在 80~150 个 / 亩。疏林地及未成林造林地根据实际情况具体制定整地密度。

>> 2）浆砌鱼鳞坑

>> 浆砌鱼鳞坑是指在常规鱼鳞坑建设过程中，加入水泥砂浆以加大鱼鳞坑的使用期限。特点是强度大，使用时间长，安全性高，加强了储水能力。

>> 规格：长 × 宽 × 深：1.5m×1m×0.6m。首先清基，打好基础，坑堰用毛石浆砌，坑堰宽度不应小于 20cm。穴面外高里低，穴内土壤中的杂草和直径大于 3cm 的碎石都要除净。浆砌鱼鳞坑用毛石，原则上就地取材，以保证颜色协调，砌筑要严格按照毛石浆砌工程的技术标准施工，做到坚固、整齐、美观。鱼鳞坑沿等高线布置，上下呈“品”字排列，可以加强各结构之间的依托关系，使山体结构更加稳固。对于荒山荒坡，整地密度控制在 80~120 个 / 亩。疏林地及未成林造林地根据实际情况具体制定整地密度。

>> 3）水平阶

>> 对局部地势条件平缓的山坡洼地（坡度≤ 10°），可采取砌筑水平阶，进行局部全面覆土的整地方式，扩大覆土绿化面积，丰富栽植树木种类。水平阶砌筑最高点高度根据实际地势条件确定，一般控制在 0.8~1.2m 之间，砌筑要严格按照毛石浆砌工程的技术标准施工，做到浆砌水泥砂浆饱满，从而保证砌筑的水平阶坚固、美观。

>> 鱼鳞穴与水平阶砌筑要严格按照毛石浆砌工程的技术标准施工，选用块石，做到浆砌水泥砂浆饱满，从而保证砌筑的鱼鳞坑和水平阶坚固、美观。浆砌鱼鳞穴环节要求进行中间验收，验收合格后方可进行下一个施工程序。

4-17

4-18

（2）客土回填

客土回填是确保苗木成活的关键环节，在施工中严把种植土质量关，选择透气性好、肥力强的熟土进行回填。鱼鳞坑的客土应满足土层厚度达 60cm，水平阶土层最深处覆土深度应不低于 80cm。

种植土回填环节要求进行中间验收，验收合格后才进行下一个施工程序。

3. 道路建设

（1）设计原则

1）生态可持续

山体公园在道路设计中遵循生态、自然、野趣、人地和谐的原则。

2）因地因景制宜

山体公园道路规划以总体设计及原有地形、地貌为依据，结合游览需要，从实际情况出发，统筹安排。

3）人景和谐

道路建设材质、宽度、纵坡坡度、台阶踏步数等，做好防滑处理，必要时设置防护栏。

（2）道路规划

道路建设是城区山体绿化提升工程的关键环节，是引水灌溉、客土上山、苗木运输等绿化施工的保障。对规划山体的现有道路进行认真踏勘调查，制定道路专项设计方案，使建成后的道路既能保证通行安全，满足绿化施工、管护需要，又能起到森林消防通道、防火隔离带的作用。

1）主干道路

充分利用现有的路网基础，新建道路的选线遵循科学性与实用性相结合的原则，顺应山体地形变化，依山就势，在满足行车安全的前提下，合理布局，尽量形成环线。主干道路宽度 3~5m 为宜。

2）游步道

设计游步道和健身步道结合，山体地形和山体景点分布，通过步道串接山体的每个景观节点。

（3）道路建设工程

为节约成本，在山体公园主干道施工中注重就地取材，利用山体砂石修筑道路基础，夯实后建成简易道路；资金充裕的情况下，视情况铺设混凝土路面。主干道路两侧要设计排水沟，防止雨季水流冲刷损坏道路。视坡度的平、缓、陡分别采用糠梁砂、清口石台阶、冰纹石形式。

> 4. 设施砌筑

> （1）打造精品景观节点

> 在原有附近居民踩踏形成的道路、广场的基础上，根据居民自发营造的原有地段属性，结合总体规划设计，具有选择性地进行景观节点的规划建设，在重点位置打造精品景观节点如景观桥、景观走廊、景观亭（图 4–19）以及景观水系等（图 4–20）。同时注重山体文化的挖掘，在兼顾山体文化特色的基础上对其进行景观提升，严格控制亭台楼阁的比例尺度，并加强管理维护。

> （2）公共设施建设

> 有序建设公共设施，如市民健身设施和基础服务设施。通过将改造前附近居民原始的健身方式进行统一归纳、整理，就地取材和利用，不但自然生态、服务于民，而且节约了设施购买成本。如在卧虎山改造时，将原有对树木生长有害的健身设施拆除，并用新的健身设施取代。拆除的木材就地做成梅花桩等其他类型的娱乐健身设施（图 4–21）。并在多处景观节点处增加指示牌、垃圾桶、路灯等。另外，完善了公园内水电等基础设施建设，有效保障了山体公园的养护管理。

> 5. 苗木种植

> （1）种植原则

> 1）技术人员严格按照种植设计方案要求，现场统计每个树种的栽植数量，并根据设计的不同苗木种类制定栽植计划。鉴于山体绿化养护困难，除部分常绿树外，一般不建议反季节栽植。

> 2）栽植苗木在运输至绿化山体下部，进行二次搬运上山的过程中，要保证带土球苗木不因运输、装卸造成土球损坏。

> 3）每座山体常绿树与阔叶树的混交比例一般应控制在 6 ： 4~7 ： 3 之间（包括山体原有树木），为确保绿化效果，栽植过程中应按照施工设计要求，严格执行混交比例，不得随意更改苗木的栽植区域。

4–19

4–20

4-21

4）苗木栽植后要立即浇透水，随时填土，防止漏水。因为苗木均是客土栽植，要提高栽后养护标准，一是采取必要的保墒措施，增加浇水次数；二是对部分阔叶树种要在入冬前采取捆绑草绳、稻草等防寒措施；三是采取保水剂抗旱造林技术，提高造林成活率。

（2）种植设计

山体绿化采用中小规格侧柏、黄栌等针、阔乔灌木，组团式种植；破损山体治理采用大规格五角枫等苗木，团状不规则种植，形成园林景观效果；高大断崖面利用喷播进行垂直绿化。

混交树种配置：根据山体面积的大小、类别及立地条件，每座山体确定 1~2 个常绿树种，3~5 个阔叶树种（包括花灌木，基础栽植树种除外），对于存在疏林地或未成林造林地的山体，树种配置要考虑现有树种密度、树龄等因素，并根据设计的不同苗木种类制定种植设计方案。

1）鱼鳞穴

每个鱼鳞穴栽植 1~2 株常绿树或落叶乔木、花灌木作为主栽树种。

基础栽植：每个鱼鳞穴外侧栽植连翘、丁香等灌木，既丰富树木种类，扩大绿化覆盖面积，又起到遮挡鱼鳞穴的作用。

2）水平阶

根据实际水平阶长度、覆土面积确定种植方案，适当增加树木种类，采取组团式栽植的方式，不宜采取成行、成列栽植的呆板模式。根据情况，在挡墙上部边缘栽植藤本植物，并适当加大栽植密度，起到遮蔽毛石挡墙的作用。

3）道路两侧绿化

对于主要施工、管护道路两侧，因地制宜，采取凿穴客土或全面覆土等方式，以常绿树与花灌木搭配种植。在道路两侧绿化应充分考虑山体地表径流汇水、泄洪等因素，预留排水通道。

（3）植物选择

考虑到山体绿化立地条件差、管理养护成本较高，绿化树种应选择适应性强、耐干旱瘠薄和景观价值较高的乡土树种，如侧柏、黄栌、刺槐、山杏、山桃、君迁子、栾树、臭椿等。在适宜的地带栽植彩叶树种、花灌木如五角枫、丁香、连翘、迎春。常绿树种与落叶树种相结合，遵循适地适树的原则，苗木规格适中，合理密植。

1）苗木规格：不同树种的苗木规格可参照表 4-1 执行。

2）本土植被调查与建设中的应用

据不完全统计，济南地区野生地被植物共有 349 个种和变种，隶属 226 属，73 科，其中菊科 42 种、豆科 37 种、禾本科 35 种、百合科 18 种、蔷薇科 17 种，另有藜科、大戟科、唇形科等也占有很重要的地位。[30] 部分常见本土木本植物见表 4-2、表 4-3 。

部分设计树种苗木规格表

表 4-1

序号	树种	规格	备注
01	侧柏	树高 2m 以上，冠幅≥ 80cm，冠形丰满，无光腿现象	带土球
02	蜀桧	树高 1.5m、2m 两种规格，冠幅 60~80cm	带土球
03	五角枫	胸径 5cm 以上，树高 2~3m，保留树冠	
04	栾树	胸径 5cm 以上，树高 2~3m，保留树冠	
05	柿树	胸径 5cm 以上，树高 2~3m，保留树冠	带土球
06	君迁子	胸径 5cm 以上，树高 2~3m，保留树冠	带土球
07	黄连木	胸径 5cm 以上，树高 2~3m，保留树冠	
08	刺槐	胸径 5cm 以上，树高 2~3m，保留树冠	
09	山桃	地径 4cm 以上，树高 1.5m，保留树冠	
10	黄刺玫	丛生，冠幅 60cm 以上	
11	山杏	地径 4cm，树高 1.5m，保留树冠	
12	黄栌	地径 5cm，树高 1.5m，冠幅 80cm 以上	
13	金叶榆	地径 3cm，树高 1.5m，冠幅 100cm	
14	连翘	7~8 分枝，分枝径 1cm，枝长 80cm 以上	

部分常见本土木本植物表

表 4-2

序号	常见木本植物	名称
01	罗布麻	*Apocynum venetum*
02	枸杞	*Lycium chinense*
03	胡枝子	*Lespedeza bicolor*
04	吉氏木蓝	*Indigofera kirilowii*
05	雀儿舌头	*Leptopus chinensis*
06	茅莓	*Rubus parvifolius*
07	小叶鼠李	*Rhamnus parvifolia*
08	酸枣	*Ziziphus jujuba*
09	野丁香	*Syringa persica*
10	南蛇藤	*Celastrus orbiculatus*
11	锦鸡儿	*Caragana sinica*
12	荆条	*Vitex negundo* var. *heterophylla*
13	山葡萄	*Vitis amurensis*
14	络石	*Trachelospermum jasminoides*
15	扁担木	*Grewia biloba*

部分常见本土草本植物表 表 4-3

序号	常见草本植物	名称
01	白羊草	*Bothriochloa ischaemum*
02	羊茅	*Festuca ovina*
03	细叶臭草	*Melica radula*
04	雀麦	*Bromus japonicus*
05	中华隐子草	*Cleistogenes chinensis*
06	缘毛鹅观草	*Roegneria pendulina*
07	草木樨	*Melilotus suaveolens*
08	狗牙根	*Cynodon dactylon*
09	狗尾草	*Setaria viridis*
10	中华结缕草	*Zoysia sinica*
11	大叶铁线莲	*Clematis heracleifolia*
12	委陵菜	*Potentilla chinensis*
13	矮蒿	*Artemisia lancea*
14	披针叶苔草	*Carex lanceolata*
15	白蔹	*Ampelopsis japonica*
16	米口袋	*Gueldenstaedtia verna*
17	斑叶堇菜	*Viola variegata*
18	荩草	*Arthraxon hispidus*
19	山莴苣	*Lagedium sibiricum*
20	蟋蟀草	*Eleusine indica*

本土植物在园林应用上的优点：①构建的绿地系统更为稳定；②抗性强，养护成本较低，有助于建设节约型园林；③构建的绿地景观丰富，有本土特色。所以应加大各地区本土植物的应用及推广工作。

济南市山体公园建设中也十分注重本土地被植物的种植和应用。例如，为打造佛山赏菊景观，引种栽植野菊、金鸡菊、黑心菊及菊类野花组合；其他常见野生地被植物，如多花胡枝子、红花锦鸡儿、野菊、荆条、扁担木、河北木蓝、太行铁线莲、毛果扬子铁线莲、黄瓜菜、珍珠菜、荅草、蛇莓、紫花地丁、小叶鼠李等也在千佛山等山体公园得到了良好的生长。

此外，为推广本土地被植物，也筛选了大叶铁线莲和胡枝子两种本土地被植物做山体绿化试验：

大叶铁线莲为直立草本或半灌木，抗病虫害能力较强，很少发生病虫严重为害现象。具较强的耐阴能力，喜生于山坡、林下、草丛或山沟边。具有一定的观花效果。济南市在卧虎山山体公园等局部试验种植，如试验成功，下一步将通过自繁及人工采种繁殖的形式，扩大大叶铁线莲种植面积。

胡枝子为直立灌木，耐旱、耐瘠薄、耐酸性、耐盐碱、耐刈割。对土壤适应性强，在瘠薄的新开垦土地上可以生长，但最适于壤土和腐殖土。耐寒性很强，在坝上高寒区以主根茎之腋芽越冬，在翌年 4 月下旬萌发新枝，7~8 月开花，9~10 月种子成熟，刈割期为 6~9 月，再生性很强，每年可刈割 3~4 次。目前，济南市正在佛慧山南坡等处采取胡枝子草种喷播形式进行推广种植。

6. 管理养护

俗话说，“三分种，七分养”，高效的管理和系统科学的养护是巩固提高山体生态修复建设成果的重要环节。在管理养护中，及时发现并严肃查处采石、挖山、毁林等破坏山林的行为，保护好辖区山林。山体公园建设施工中，高度重视对自然风貌、自然地形的保护，大量采用乡土树种，保证山体公园的“本土化、自然化、野趣化”。建成后，严格实施绿线管制制度，加大对已建成山体公园的管理力度，在确保各项养护管理措施及时到位的同时，充分利用新闻媒体加大对破坏山体绿化行为的曝光力度，营造良好的舆论监督氛围。

（1）建设管理

施工管理严格按设计进行施工。若更改设计必须经原设计单位和主管单位批准同意。工程验收检查贯穿每一项施工工序的始终，检查验收工程在主管部门的同意领导下分期抽查、验收，严格按规程检查，达不到设计要求的必须返工，以确保工程质量。并建立准确、快捷反映建设成果的检查验收监测体系，建立三防（防火、防病虫害、防乱砍滥伐）体系，巩固建设成果。

建立设计——施工——建档为主要内容的工程管理体系。项目实施单位按设计单位的设计，逐级报批。施工前组织技术培训，明确设计的技术要求和质量标准。按工序进行施工和质量检查，项目竣工后全面检查验收，确保工程质量。

> （2）灌溉养护

> 在城区山体绿化提升工程施工阶段，合理布局选址，建设永久性蓄水设施。原则上一处蓄水设施的服务半径为500m，蓄水设施的建造形式根据地形采取地上砌筑蓄水池、下沉式蓄水池、小塘坝等，考虑到冬季防冻问题，通常采取建设下沉式蓄水池。有条件的区域建设小塘坝和下沉式蓄水池，使其在雨季拦蓄、汇集地表径流，有效降低施工养护用水成本。每个蓄水池蓄水容量在100~300m^3，建造形式为毛石浆砌或混凝土浇筑。

> （3）间伐修枝

> 1）方法步骤

> 开工前公示。将抚育地点、面积、强度、种类、方法、时间等内容在施工林地周边进行公示，接受群众监督。公示无异议后，按计划进行施工。

> 成立现场施工小组。由工程技术人员和所在林区有打号施工经验的职工3~4人，组成现场施工小组，其职责是进行间伐木打号和施工质量监督。

> 安全文明施工。施工过程中，施工方要严格履行合同规定，服从施工人员指挥，做好现场公示、宣传解释工作，注意林地环境卫生，做到安全、文明施工，不得妨碍市民正常游憩、休闲。现场施工小组根据施工方每天工程量大小，做好打号与间伐施工进度协调配合。

> 质量监督。间伐过程中，现场施工小组人员要全程跟踪指导检查，确保间伐不超范围、不超数量、不漏伐、不误伐，树桩高度要符合质量要求，枝、梢要处理干净，林地环境卫生不遭破坏，保留木不受损害等。

> 检查验收。施工完成后，由场里组织有关人员进行检查验收。检查验收间伐方法、强度、地点、范围等技术要求是否与设计相符，质量是否合格，填写验收单，根据验收结果，填写验收结算报告。对检查验收不合格的责令返工，直至合格后方给予结算。

> 2）抚育剩余物处理要求

> 树干处理：为减少负面舆情影响，对间伐下来的梢头直径5cm以上的树干，不得大量堆积，要运至林缘便于装车处，及时装车运走。

> 枝、梢处理：为防止火灾及病虫害传播，枝梢要运走或处理干净，保持林地卫生。

> （4）病虫害防治

> 济南市建成区范围内山体植被主要是20世纪50~60年代栽植的侧柏林，为响应生态园林建设，结合山体公园游人多、避免对游人造成影响等实际情况，采取了以生物防治为主，化学、物理防治为辅的防治病虫害的措施，生物防治主要方法有：

> 1）利用管氏肿腿蜂防治双条杉天牛

> 技术原理：侧柏林的主要天敌是双条杉天牛，肿腿蜂作为天牛类害虫幼虫及蛹期的优势天敌，能沿虫道穿过虫粪找到天牛幼虫及蛹，在其表产卵，肿腿蜂的卵通过取食天牛幼虫、

蛹的营养而导致天牛死亡，达到防治效果。释放管氏肿腿蜂，真正实现了以虫治虫的生物防治手段，不仅有效地防治了双条杉天牛，又保护了景区生态环境的安全。

繁育：此次释放的管氏肿腿蜂为济南市林场育林技术科技术人员繁育所得。为做好该工作，济南市园林绿化局先后派技术人员到北京植物园天敌繁育中心及青岛管氏肿腿蜂繁育公司学习；并借助济南市生物防治天敌繁育中心实验室，繁育管氏肿腿蜂获得初步成功，积累了一定的经验。经不断学习摸索，以济南林场设置饵木中取得的天牛幼虫为寄主，自繁自育批量生产管氏肿腿蜂获得成功。

实践：已在佛慧山、金鸡岭、平顶山、羊头山、卧虎山等山林释放管氏肿腿蜂 4400 余管，防治近郊风景山林内侧柏蛀干害虫双条杉天牛，防治面积达 500 余亩。

2）利用蒲螨防治双条杉天牛

技术原理：释放后的蒲螨将自行寻找侧柏树木中的双条杉天牛幼虫，在幼虫体内注入毒液造成寄主永久性麻痹，然后在其身体上完成繁殖发育。济南人工释放的蒲螨主要从北京购买得来。

实践：2015 年，济南市林场对黄石崖景区、开元寺景区、蚰蜒山景区、卧虎山山体公园及浆水泉林区虫情严重的区域，挂设双条杉天牛寄生性天敌——蒲螨，防治近郊风景山林 1500 余亩。

3）挂设黑光灯防治

技术原理：黑光灯是一种特制的气体放电灯，能放射出一种人看不见的紫外线，引诱具有趋光性的森林害虫，特别是鳞翅目和鞘翅目昆虫。

实践：为了防治宝枫细蛾、侧柏毒蛾等具有趋光性的害虫和有效监测山林虫害的种类，2016 年 7 月 27 日 ~7 月 30 日，济南市林场在各林区、林点重点防治区域挂设黑光灯 32 盏，用于山林害虫的预测、预报和防治。并在每个黑光灯醒目位置挂设警示牌，提醒游人勿碰触，确保黑光灯使用的安全性。

4.2.5 保障措施

山体公园建设中，济南市有关部门加强配合，通力协作，始终坚持“以人为本”、“因地制宜”的理念，多措并举，全力推进工程建设。

1. 工作机制完善顺畅，确保各项建设工程按期顺利推进

济南市委、市政府高度重视山体公园建设，成立了山体绿化指挥部，具体负责城区山体绿化的组织推进工作。城区山体绿化工作实行属地管理，各区政府具体负责辖区山体绿化提升和山体公园建设，建立了工作推进机制，确保工作进度和质量。济南市园林局负责组织实施济南市林场范围内的山体绿化，侧重山体公园建设技术指导。济南市国土资源局着力做好破损山体治理与矿山复绿技术指导。济南市财政局统筹整合破损山体治理专项资金，创建国家森林城市建设资金、城市园林绿化建设资金，作为奖补资金，专项用于各城区山体绿化建设。济南市林业局负责城区山体绿化的日常组织协调，侧重山体绿化提升技术指导。

2. 相关部门协作，确保建设任务按期完成

山体公园建设是一项综合的系统工程，涉及园林、林业、国土、地质、财政等各个方面。在项目实施过程中，济南园林规划设计研究院、济南园林集团景观设计研究院等单位参与规划方案设计。项目实施部门有济南市园林局、济南市国土资源局、历下区园林局、市中区园林局、槐荫区园林局、天桥区园林局、历城区园林局、长清区城管局等。为保障山体公园建设的进度和质量，济南市园林局充分发挥牵头抓总作用，按照山体公园年度建设任务，及时协调解决工程推进中遇到的问题，并严格督导考核，确保各项工作按期高效推进。

3. 责任单位开拓创新，全力打造民心工程、精品工程

在山体公园项目实施过程中，相关责任单位秉承“立足民生，卓越服务，园林让泉城更美好”和“绿水青山就是金山银山”的理念，按照济南“南山北水”、“显山露水”的园林格局和设计建设思路，坚持“节约优先、保护优先、自然恢复”的原则，统筹实施和推进山体生态修复和山体公园建设项目。首先，受中国公园协会委托，在住建部专家指导下，编纂了《城市山体绿化及山体公园设计导则》，用于指导山体公园建设。为打造民心工程、精品工程，建设工程中还十分注重细节的处理。为方便市民游客登山游览，大多数的山体公园都修建了游步道，游步道最能体现细节的重要性。走在金鸡岭公园游步道上，道旁裸露残缺的岩石，被施工者处理得浑然天成。这条游步道从踩点到施工，每一个环节都十分注重细节。游步道修在哪里？怎么修？虽然规划设计图纸上都有标注，但要选择最合适的位置，游人走起来最省力，且最利于植被保护，施工人员最有发言权。为了选好这条游步道的位置，负责施工的工程师每天来来回回五六趟，连续走了三天，线路终于确定下来，正应了那句老话，山多爬几次，路自然就在心中有了位置。在修整游步道时，为了突出美观舒服、自然天成的特点，工程技术人员立足现实、勇于创新，对路面碎石间的衔接改变以往的凸缝处理工艺，采用凹缝手法处理；对路旁岩石裂隙则采用贴近自然的办法修补，起到“虽由人作，宛自天成”的效果。这些看起来虽然都是细枝末节，但它的作用却不容忽视。正是用心处理了这一处处小的细节，才成就了山体公园大的名誉。

4. 资金投入多元化，保障项目建设顺利进行

在资金投入方面，坚持政府投入为主、社会积极参与，建立多元化的城区山体绿化投入机制。各区政府作为城区山体绿化的实施主体，积极筹措建设资金，确保工作按期推进。市财政统筹整合破损山体治理专项资金、创建国家森林城市建设资金、城市园林绿化建设资金，作为奖补资金，专项用于各城区山体绿化建设。同时，注重发挥中国绿化基金会济南专项基金的作用，多形式、多层次、多渠道募集用于城区山体绿化和管理养护的公益资金，鼓励社会力量参与城区山体绿化。在2014年开展的山体公园建设中，共投入资金约2亿元，

其中，市财政投入资金4000万元，区财政投入1.4亿元，社会资金2000万元。小姑山、涵玉公园、舜奥公园、泉子山等山体公园都是由企业出资建设的。

4.3 实践成果

> 自2014年山体生态修复及山体公园三年行动计划实施以来，山体公园建成后充分发挥区域性公园的作用，通过植树造林，丰富山体植被，形成一个天然的氧吧，对周边环境改善发挥着重要的作用。通过山体公园建设，完善了基础设施和服务设施建设，又为周边居民提供了休闲、娱乐、健身的生态场所。

4-22

> 截至2016年上半年共修复山体50余座，建成山体公园20处。众多山体的修复和山体公园的建成，使近郊山体成为城市的景观节点，形成了以山体为核心的区域意象，实现了青山入城、城山相融的生态格局，满足了市民“推开家门进公园”、“走进绿色山林，感受山与植物的呼吸”的愿望和需求，也为美丽泉城建设赋予了浓墨重彩的一笔（图4-22、图4-23）。正是基于此，2016年年初，住建部将2015年度国内人居环境建设领域的最高荣誉奖项——中国人居环境范例奖授予济南市（图4-24）。

> 通过实施山体生态修复及山体公园三年行动计划，更好地完善了城市绿地系统，恢复了城市物种种类的多样化，有效保护了雀儿舌头、中华隐子草、多花胡枝子等珍稀、濒危物种，扩大了野菊、河北木蓝等自然群落种类，恢复了“佛山赏菊”历史名景。千佛山、佛慧山等山体的鸟类、青蛙、松鼠等数量明显增加，夏日特有的蝉鸣声一路相伴，路两边的草地中，蛙鸣不时传入市民耳畔，趣味盎然；秋冬季节经常出现“鸟云”，场面壮观。生态环境的改善，维护了区域生态平衡，为野生动植物提供了安居的优良环境，为城市生态建设提供了有力依据和保障。

> 此外，结合海绵绿地建设，山体公园的渗水、储水能力大大提升，降低了马路行洪，有利于山体涵养水源，从而促进了泉水的保护。例如以前遇到大雨或暴雨，千佛山景区的西北门就变身泄洪通道，通过工程完毕后当年主汛期几场大雨检验来看，千佛山西北门的雨水流量大为减少，流水时间也明显缩短，而景区容量350m^3的蓄水池收集了满满的雨水。

专栏4-5　雨天过后的济南“海绵”成果：蓄水量近5万m^3[31]

>> 2016年6月13日、14日两天，济南市大部分地区普降中雨，根据市气象台统计，全市平均降雨量达41.6mm，市区平均降雨量26.4mm，而这场降雨无疑是对济南正在建设的海绵城市工程的一个考验。

>> 6月15日下午，记者到金鸡岭、佛慧山现场参观了山体建设项目及拦蓄雨水情况。在金鸡岭西坡南部山谷的一个湿塘里，记者看到有不少雨水存储于此。这两天，金鸡岭山体公园收集8000m^3雨水。雨水通过山谷层层流入湿塘内，当湿塘的水满了之后又可以通过溢水

图 4-22　游览路径 + 林下小节点布局（千佛山）
图 4-23　游山步道（佛慧山）
图 4-24　济南市荣获中国人居环境范例奖

4-23

4-24

口到达下边的下沉式绿地以及一些渗透塘，涵养山体植被，这两天收集雨水的效果明显。总体来说，西坡收集雨水能达 4000m^3，整个金鸡岭山体公园大约能收集 8000m^3 雨水。

>> 在佛慧山南坡，由于山体比较陡峭，山体设置了大约 2000 多米的渗透植草沟，这些植草沟可以拦蓄、渗透山上下来的雨水，不仅能收集雨水，还能起到分流雨水、保护路面的作用，对于雨水的拦蓄率能达到 85% 以上。

>> 通过对佛慧山、兴隆山、金鸡岭等地海绵城市设施的实地查看，效果非常明显，山上下来的雨水通过层层拦蓄，绝大部分渗透到了地下，未来得及下渗的少量雨水进入到末端收集设施，成为绿化、景观用水，同时，经过层层拦蓄的雨水到达末端以后，势能得到了充分消解，不会再对城市道路行洪造成威胁，海绵城市“渗、滞、蓄、净、用、排”的设计理念得到了充分的体现。

> 总结来看，山体公园建设中要注意克服以下问题：一是过分人工化现象，注意控制建筑比例、广场尺度；二是充分考虑生态容量，注意在地势陡峭、环境恶劣的区域严格控制客流引导设施；三是重视基础工程质量，要特别重视山体排洪体系、挡土墙设计标准等。

4–25

4.4 典型案例

4.4.1 佛慧山山体公园

佛慧山公园属千佛山风景名胜区规划范围，位于济南市东南部，同时也是千佛山风景名胜区的核心景区之一。佛慧山景区内的黄石崖造像为山东省最早的摩崖石刻造像群，大佛头造像、开元寺遗址及周边山崖石刻也都具有较高的考古价值和艺术价值；林木葱郁，植物种类众多，山林覆盖率高达 85% 以上，并有诸多名泉分布。其得天独厚的自然风景资源，波澜壮阔的历史画卷，使之无愧为人文与自然完美结合的典范。

在佛慧山公园保护建设过程中，秉持打造“市民的乐园、游客的景区”的工作目标，精确聚焦景区的价值定位，在处理好传承与创新、保护与发展的关系的基础上，充分挖掘景区资源特色，兼顾功能需求与文化传承，从而增加千佛山风景名胜区的影响力和品牌价值，使风景区最终成为“历史有源、文化有脉、景观有韵、旅游有魂”的泉城特色文化旅游胜地。

1. 贯彻生态化理念，注重森林资源保护，充分利用原有自然生态资源

佛慧山景区植被条件良好、地貌景观优美。景区内山林植物资源十分丰富，地形峰峦起伏、涧谷萦回，山体经过多年自然风化腐蚀，形成千姿百态的奇峰峭壁、深谷幽洞的自然景观，独具山林特色地质风貌。建设过程中，对景区内原有的自然风貌进行充分的利用和保护，尽量减少对自然山体和植被的干扰与破坏，保持原有的山地特色，维持原有的生态平衡，保护生物的多样性，尽量做到“依山就势，自然天成”，使景区达到人与自然的和谐统一与协调发展。

（1）最大限度地依托山体内原有道路、广场体系，合理规划游览路线；利用沿线的裸岩、山洞、大树等自然资源，合理设置登山栈道和休憩平台（图 4-25）；同时利用原有地形高差，建设林下广场、旱溪等，减少工程建设对山体风貌的影响（图 4-26、图 4-27）。

（2）注重对原生植被的保护，道路路线的选择尽量避开树木，或者采取保护措施尽可能多地保留原生树木。在原生植被丰富、地形陡峭的地方考虑架设栈道，有效保留了原始地貌和植被。

2. 规划建设因地制宜，以人为本，打造特色景区

在佛慧山山体公园的建设中，对黄石崖、大佛头造像和开元寺遗址等历史文化古迹进行了有效保护，同步实施山体加固和周边环境绿化提升；完成了景区内道路、管理服务设施，水电基础设施建设和千米画廊、空谷寻幽等景观节点建设，并在旅游路上建成佛慧桥，实现了两大核心景区的有机连通。同时积极加强已建成区域的管理工作，保证了游览秩序和游客安全。在建设中坚持因地制宜和以人为本的建设理念，充分体现佛慧山的特色山林景观。

4-26

4-27

（1）游览道路面层优先选用糠粱砂、碎石等软质材料，保证游人行走的舒适性（图 4-28）。同时为保障游人沿途休憩需要，建设多处休息平台、休憩广场以及亭、廊等，并沿路设置多处木质座椅、垃圾箱等公共设施，供市民游客休息使用（图 4-29、图 4-30）。

（2）选择游览路线时，扬长避短，把最美的山林景观变化着展示给游人，将各自然、人文景观有机组合，连成一幅美妙多姿、层次丰富的立体自然画卷，使游人在游览过程中达到景异步移的效果。

（3）在充分保护原生植被的基础上，多采用乡土树种，搭配一些耐阴树种和林下地被，进行部分区域的绿化提升。主要选用黄栌、五角枫、丁香、连翘、金银木、小叶女贞等乔灌木，以及二月兰、马蔺、小叶扶芳藤和菊科的天人菊、松果菊、大花金鸡菊等地被植物，与原生侧柏林搭配，做到“三季有花、四季常绿”，营造富有野趣的山林景观（图 4-31）。

3. 深度挖掘历史人文资源，丰富景区文化内涵

千佛山风景名胜区具有深厚的历史文化积淀和珍贵的文物资源。景区范围内文物古迹众多，开元寺遗址、大佛头、黄石崖石刻造像等历史人文遗存，承载着深厚的文化底蕴。建设中，为保护和传承景区的历史文化资源，我们做了以下努力：

（1）编制完成了以舜文化和佛文化为主线的文化策划方案，对景区文化的优势资源进行了深度挖掘和系统整合。

（2）对黄石崖石刻造像、大佛头造像和开元寺遗址等进行了保护，梳理了游览路线，同时提升周边环境，增加游览的景观性和舒适性（图 4-32）。

（3）种植大面积的菊花，营造秋日黄花遍地盛开、菊香弥漫山间的美妙景观，恢复济南八景之一——“佛山赏菊”的胜景（图 4-33）。

4. 注重工程细节，建设节约园林，打造精品工程

（1）注重工程的细部处理，坚持打造精品工程。一是对树木的保护方面，在路线规划中遇到树木时，砌筑树穴充分保护沿途树木，保护原生环境的同时保证道路的荫蔽性，增加游览的舒适度（图 4-34）。二是对原有山石的处理方面，将原有山石融入到新建道路中，充分保护原生地貌，使道路与周围环境充分融合，达到生态、自然的景观效果（图 4-35）。三是挡土设施的建设方面，由于山体的自然高差，道路一侧往往需要设置挡土设施。在佛慧山景区的建设中，往往采用虎皮墙、干茬墙以及生态护坡的形式，结合周边环境，降低建设成本，保证了沿途的景观效果（图 4-36、图 4-37）。

（2）在附属设施的建设中，充分利用修建后的废弃树枝、树桩等，制作健身器材，满足功能要求的前提下使景观更加自然，同时也最大限度地节约了材料费用（图 4-38）。

（3）在道路、广场铺装和挡土墙砌筑过程中，充分利用现有山上原石进行施工，尽量减少石材费用和人工抬扛费用，并可与周边环境较好融合。

4-28

图 4-28　糠粱砂面层游览路
图 4-29　休憩廊
图 4-30　休憩平台和木质坐凳

4-29

4-30

4–31

4–32

图 4-31　丰富的植物配置
图 4-32　开元寺遗址保护
图 4-33　佛山赏菊传统生态文化景观恢复效果
图 4-34　对树木的保护
图 4-35　游览路与原有山石结合

4-33

4-34

4-35

4-36

4-37

4-38

5. 重点景观节点打造

根据佛慧山景区详细规划，共规划 58 处景观节点，其中如智慧禅心、空谷寻幽、千米画廊等重点景观节点的建设中尤为注重自然生态和以人为本的设计理念，使其成为佛慧山山体公园富有代表性的山林特色景观。

（1）在黄石崖游览区西侧建设的智慧禅心是自黄石崖入口进入后的一处园林风格景观区。区内园路蜿蜒屈曲，板桥亭廊相望，旱溪水景、樱花广场、黄菊遍地、彩叶漫天。在此处安置了“对弈”、“奏乐”两组小沙弥雕塑作为佛教文化符号点缀其中，与周围环境共同构成景观主体，体现出以佛文化为主的景区特色，既增加了文化气息，又增添了游览意趣。沙弥与禅宗之智慧演绎与悟道故事，导引游人心趋清幽园林，触摸禅宗文化，体悟佛家智慧（图 4–39）。

4–39

（2）千米画廊依山而建，屈曲盘旋，在此既能俯瞰整个城市全貌，又能领略山崖的险峻和山林的野趣。春有山花烂漫，夏有苍柏青翠，秋有红叶缤纷，冬有白雪皑皑，佛慧山四季的景观在此都可一览无余（图 4–40）。

（3）空谷寻幽曲径通幽，上有高大树木荫蔽，下有流水潺潺，山间花香馥郁、山鸟啁啾，古朴的石板桥、塑木的栈道、糠梁砂铺就的游览道路，无不体现天然朴拙的风格，在此将不闻城市的喧嚣，仅将身心都交付于这清幽空灵的山林之中（图 4–41）。

6. 问计于民，问需于民

让市民满意是我们建设的根本出发点和落脚点。佛慧山山体公园建设从规划设计到工程建设，始终把市民游客的需求放在第一位，相关责任单位广泛听取和采纳市民提出的意见和建议。建设过程中，积极开展走访调研活动，认真听取市民对建设工程的意见和建议，设立意见箱 7 处，市民游客填写征求意见表 500 余份，积极将市民的意见和建议融入保护建设方案。

4–40

4.4.2 千佛山景区海绵示范区

千佛山风景名胜区位于济南市海绵城市建设试点区域东部居中的位置。千佛山景区是千佛山风景名胜区的核心景区，占地 169hm^2。通过实施海绵城市建设一系列工程措施，将充分发挥山体蓄水、滞水的作用，提高雨水的收集利用率，预计景区全年蓄水量可达 20000m^3，设计指标为 85% 的雨水就地消纳和利用。作为济南市区内典型的山体类型绿地，该项目的低影响开发建设工作具有重要示范意义。

1. 践行海绵城市绿地建设理念

千佛山景区作为济南市海绵城市试点区内的水源涵养示范区，在工程施工中，秉承“生态优先、因地制宜”的原则，遵循“渗、滞、蓄、净、用、排”六字方针，贯彻低影响开发建设理念，提高了山体雨水的收集利用率，初步探索践行了海绵城市建设的一些理念，主要包括以下三个方面：

一是山体绿化方面，在缓坡处采用沿等高线多砌垒水平阶的方式，在陡坡处采用砌垒鱼鳞坑和喷播相结合的方式进行绿化，增加山体雨水的滞留面和渗透量。绿化植被多采用扶芳藤等乡土树种，尽可能维持山体原有的生态环境，有效覆盖裸露地面，减少雨水对表土的冲刷，增加雨水蓄积能力。

> 二是道路、休闲广场建设方面，横向道路采用外侧高、内侧低的方式，将雨水引至内侧绿地中；纵向道路尽量利用原有登山路进行修建，同时在道路两侧修建水平阶进行绿化种植，增加雨水蓄积；在山脚下规划建设一定数量和面积的透水广场，对道路的剩余雨水再次进行滞留和渗透。道路、广场面层铺装多采用糠梁砂和透水砖，充分保证其透水性，加强对雨水的源头削减和渗透。

> 三是景观节点建设方面，景观节点的环境绿化充分利用山体中原有的台地进行种植设计；利用自然山谷，修建挡土墙和拦水坝，并在山谷末端建设雨水收集池和一定数量的水系景观，对雨水收集并加以循环利用。

> 在开元遗韵坊至开元文化园游览道路及周边环境建设项目中，在道路边侧陡坡处砌筑鱼鳞坑和水平阶，减缓坡度，蓄积雨水。同时利用山谷地形高差，在沟谷交汇处和景观节点处建设蓄水设施，形成多级拦水墙，留蓄雨水。在开元寺遗址保护及周边环境改造提升项目中，重新疏通原有水槽，并开凿新水槽，在山谷底部设旱溪，利用自然高差将雨水引流，打造景观水系。

> 根据千佛山景区海绵城市建设总体规划，围绕“渗、滞”为主，“蓄、净、用”结合的设计核心，重点打造“四大区域”、做好“三个结合”、强化“五种措施”，在景区建设中充分体现海绵城市理念，形成兼具吸纳、蓄渗、缓释与园林植物景观相结合的雨水收集系统。

> “四大区域”：西区及上山盘道区域、慈云谷区域、南门区域、弥勒胜苑及万佛洞区域。

> “三个结合”：人工与自然结合、生态与工程结合、地下与地上结合。

> “五种措施”：水系蓄水、地形整理、植物增渗、层层拦蓄、末端收集。

> 2. 主要技术手段

> （1）拦蓄景观渗水塘：增加雨水渗透面积

> 在景观节点处建设绿地生态水渠，既留蓄雨水，又利用自然高差将雨水引流至此打造出景观水系。每逢大雨时，雨水湍急，来不及就地入渗，就会汇集到渗水塘中临时存蓄，慢慢下渗。另外，增加花畦，在池底覆以土壤并种植可吸附污染物的湿生植物，改善生态环境，并增加蓄水能力（图 4-42、图 4-43）。

> （2）微地形下沉式绿地

> 通过人工整理微地形，形成下沉式绿地，增加雨水渗透面和渗透量。据景区原有地貌，做出微地形，降低地块的坡度，细化土地，合理密植灌木及地被，形成下沉式绿地，充分利用田垄拦截雨水，增加渗透量（图 4-44、图 4-45）。

4-41

（3）复式种植

通过高、中、低各种植物搭配种植，增加植物对地面的有效覆盖率，减少雨水对地面的冲刷，有效减少地表径流。

绿化设计与景区周边环境相结合，在保留原有大量柏树前提下，选取相对开阔、光照良好的区域，增植花灌木及地被；在林下种植耐阴的金银木；草坪采用麦冬搭配小叶扶芳藤，形成复式种植的效果。尽可能维持山体原有生态环境，有效覆盖裸露地面，减少雨水对表土的冲刷，增加雨水积蓄能力（图 4-46、图 4-47）。

（4）生态透水铺装

选用生态透水砖，采用干铺的方法，雨后使雨水快速渗入地下，使道路、广场表面没有积水，方便游人正常行走。

山体道路修建及铺装广场时，大量采用糠粱砂、透水砖、嵌草铺装等生态透水材料铺装，充分保证其透水性，加强对雨水源头的削减和渗透。促进雨水的下渗、蓄积、回用，既能使道路风格多样，又与山体环境相协调，生态自然（图 4-48、图 4-49）。

（5）导水槽

在道路合适地点设置导水槽，将道路上的雨水导入绿地或水系中，有效减少道路上的地表径流。

横向道路采用外侧高、内侧低的方式，将雨水引至内侧绿地中；纵向道路尽量利用原有登山路进行修建，适当节点还设有导水槽，能将道路上的雨水导入水系或绿地中（图 4-50、图 4-51）。山脚道路末端采取干铺的形式，中间植入小草，对雨水再次消能、阻滞，促进雨水下渗。

（6）水平阶

通过人工整理地形，减缓山体坡度，增加土壤厚度，减缓雨水流速，增加雨水的滞留量。

根据山体地形地貌的特点，在缓坡处采用沿等高线砌垒水平阶、陡坡处采用砌垒鱼鳞坑等方式进行绿化，增加山体雨水的滞留面和渗透量（图 4-52、图 4-53）。

4-42

图 4-41　空谷寻幽
图 4-42　渗水塘 1

图 4-43　渗水塘 2

4-44

图 4-44 下沉式绿地 I
图 4-45 下沉式绿地 II

4-45

4-46

图4-46 复式种植1

4-47

图 4-47　复式种植 II

4-49

图 4-48　生态透水铺装 I
图 4-49　生态透水铺装 II
图 4-50　导水槽 I

4-50

4-51

4-53

4-52

图 4-51　导水槽 II
图 4-52　水平阶 I
图 4-53　水平阶 II

> （7）蓄水池

> 依据地势建造蓄水池，将来不及下渗的降水引导储存到水池中，用于回灌和补给泉群水源。

> 目前，千佛山已初步完成海绵改造，试点片区渗水、储水能力大大提升。以前遇到大雨或暴雨，千佛山景区的西北门就变身泄洪通道，通过 2016 年主汛期几场大雨检验来看，千佛山西北门的雨水流量大为减少，流水时间也明显缩短，而景区容量 350m^3 的蓄水池收集了满满的雨水。

专栏 4-6　济南日报：城市“海绵体”就在我们身边

>> 近年来，济南在城市建设和管理运营中有意无意间坚持了海绵城市的理念，一些景区园林和工程项目不断创新方式、加强举措，着力实现吸水、蓄水、渗水、净水功能，那些新鲜的城市“海绵体”其实就在我们身边。修建雨水收集系统后，千佛山上的鸟儿明显增多。

>> 日前，济南市出台《济南市人民政府关于加快推进海绵城市建设工作的实施意见》，明确提出要打造海绵城市。一时间，“海绵城市”这一新鲜词汇吸引了不少眼球。记者采访获悉，近年来，我市不少工程项目在有意无意间坚持了海绵城市的理念，打造出一批能吸水、蓄水、渗水、净水的“海绵体”，这些“海绵体”就在我们身边。

专栏 4-7　建设蓄水池、收集口、收集沟，精心做好传统景区雨水收集

>> 2010 年以来，为减少水土流失，在雨季时收集雨水，千佛山风景区在改造提升工程中先后建设雨水收集系统 9 处，面积达 580m^2。“蓄水池都选址低洼处，用鹅卵石做生态铺装，打造出层叠的效果，和周边景观协调一致”，景区基建科工程师黄珺说。这项工程改善了景区的局部生态环境，进一步涵养了水源，景区的鸟类明显增多，同时也提升了景观效果。

>> “到了夏天，这里不光有鸟，还有青蛙和鱼，花儿再一开，更漂亮”，爬山途经此处的市民王亚军说。每逢下雨，雨水收集沟的鹅卵石被冲刷干净了，很多市民专门踩着鹅卵石爬山，按摩脚底，一举多得。

>> 千佛山风景区把雨水收集系统打造成了宜人的景点，天下第一泉的雨水收集系统则相当隐蔽。2009 年，结合大明湖新区改造，景区在大明湖新区的主游路、广场等位置预留了很多雨水收集口。遇到雨天，雨水从收集口进入收集管网，经处理后流进大明湖。“虽说大明湖是众泉汇流而成，水位一直很稳定，可雨水也不能浪费了”，工作人员说。

4.4.3　卧虎山山体公园

> 卧虎山山体公园位于历阳大街以南，旅游路南延线以西，公园占地 700 余亩。按照规划将按功能划分为文化展示、康体休闲、远景眺望及原始山林四大板块，将建设以山体景观为特色，融游憩观赏、休闲健身、科普教育多种功能于一体的城市山体公园。

4-54

图 4-54 卧虎山山体公园游览步道

1. 提前谋划，合理规划，充分做好前期工作

在前期的建设准备工作中，项目部人员一方面多次深入现场反复勘查，对山体范围内的现状进行了充分的分析和调研，另一方面积极协调设计院抓紧规划设计，反复研究，制定科学合理的规划设计方案，为下一步的山体公园建设打下基础。

2. 注重生态，因地制宜，打造山体公园特色景观

一是充分利用现状地形，突出绿化，提升改造，丰富山体植物景观和季相、林相。针对过去开山采石遗留的裸露山体和断崖，项目部创新思路，认真研究绿化方案。在裸露山体绿化中，对陡峭的断崖采用设置防护网护坡喷播种植的绿化方案，同时充分利用断崖上自然形成的“V”字形石窝砌筑种植穴，栽植乔木，现已形成很好的绿化效果，实现了工程建设景观性和经济性的统一；对较缓的断崖采用堆砌山石和毛石挡墙相结合的绿化施工方案，丰富绿化种植景观，同时延续了现有山体的肌理，与原有山体的绿化实现了高度融合。入口处结合原有台阶，在其两侧增加植物组团绿化，尤其栽植大规格、大体量花灌木和色叶植物，打造特色景观入口。广场绿化中，为适宜游客集散，又有适当遮阴，栽植了法桐、柿树、五角枫等冠大荫浓、树龄长、耐修剪的树种，满足市民游客的休闲需求。山体游步道两侧绿化在原有常绿侧柏林的基础上，增加了小叶女贞、大叶女贞等常绿树种，配置了碧桃、连翘、丁香等春花树种，紫薇、栾树等夏花树种，秋花植物菊花以及秋色叶树种黄栌、五角枫等，丰富了季相、林相（图 4-54）。

二是建设中结合原始地貌，因地制宜建设水系景观。在入口广场西侧低洼处，利用自然高差形成上下两处水面，并充分利用自然式造园手法，使两处水面之间通过叠水有机结合，使其既能独立成景又密切联系为一体，满足游人亲水的心理需求。

三是游步道建设中，选择自然植被良好、山石分布自然的路线，既不破坏重要的自然景观，又能使人欣赏体验优美的自然环境。铺装材料选择糠粱砂、清口石、冰纹石等多种材料，建成的道路既风格多样，又与周围环境相协调，生态自然。利用挡土墙的围合空间，根据特定地形做林下休憩广场和平台，满足景观性和功能性的要求。

3. 注重挖掘景区历史文化内涵，打造特色山体公园

文化是景区的灵魂，充分挖掘历史文化并进行恢复建设是公园建设中一项重要的工作。卧虎山山脊南北两侧均有战争年代遗留的战争遗迹，它不仅是硝烟弥漫年代的历史见证，还对现代人尤其是青少年具有很好的教育意义。恢复建设战事遗迹能够使游客远离城市喧嚣而置身于浓厚的历史文化氛围和诗情画意的公园山水风光中，给游客以新奇、震撼、悠闲的游览体验（图 4-55、图 4-56）。在建设中充分挖掘和清理战争遗迹原貌，对原有战事遗迹进行恢复，同时梳理山顶游览路线，并规划建设一处观景平台，供游人游赏休憩。山脊线还具有特色的向斜地貌，以及市民自发创作的一些石刻，建设中沿特色地貌景观外

4-55

图 4-55 卧虎山战争遗迹
图 4-56 战争遗迹原貌修复后效果

4-56

围修建了木栈道，并安装防护栏杆，既充分保护了原有地质地貌，也使游客能够安全观赏游览。

> 4. 充分利用基址条件，建设节约园林

> 在卧虎山山体公园建设中为节约建设成本，最大限度地提高工程的性价比，一是利用山体断崖排险下来的毛石就地砌筑挡土墙、鱼鳞坑，剩余石渣作为道路路基回填，降低工程成本；二是针对山上原有毛石台阶路，在反复研究考察其他景区道路做法的基础上，制定了在原有毛石台阶上做斩假石的施工方案，既保证了景观，又降低了成本；三是针对山顶建设项目材料倒运困难、运输费用高的实际情况，雇佣广西马帮运输队倒运材料，代替以往的人工扛抬，提高工作效率，也降低了建设成本。

> 5. 问计于民，问需于民，建设民生工程

> 为将卧虎山山体公园打造成群众满意的民心工程，一方面在施工现场设置公示牌向广大市民游客征求建议，另一方面通过现场的管理人员、施工人员在施工现场和经常登山的市民广泛交流，认真听取他们的建议，及时将市民的合理化建议融入到工程施工中，最大限度地满足市民休闲健身的需求。同时，在建设中注重以人为本，在主游览路沿线及山顶的适当位置建设林下休憩健身广场，配备坐凳、健身器材、垃圾箱等公共设施，供市民和游客使用。道路沿线陡峭处设置护栏，以保障市民和游客的人身安全。

> 宽敞平整的游步道，精致而富有层次感的绿化苗木，舒适、原生态的休闲广场，崭新的景观效果，昭示着卧虎山山体公园全面落成。卧虎山山体公园的上山步道设计得十分人性化，市民每走一段就会进入一处可以休憩赏景的空间，步道两旁的苗木设置富有美感，而沿路原生态的岩石装饰则野趣横生。信步走上卧虎山，林间吹来习习凉风，令人身心畅爽（图 4–57~ 图 4–59）。

4–58

4–57

图 4-57　卧虎山入口处绿化种植
图 4-58　卧虎山山顶游览路

4-59

图 4-59 卧虎山公园雨水收集地

4.4.4 英雄山风景区山体公园建设

英雄山风景区位于济南市中心位置，由四里山、马鞍山、五里山、六里山、七里山组成，附近居民数量在 50 万人以上，每天爬山健身的市民超过 3 万人次，是一座受市民高度关注的城中山，它是城市中心的绿肺，也是济南市著名的风景区之一，总体规划面积约 139hm^2（其中山体区域占地 137hm^2），根据规划将进行设施完善和景观提升，加强与城市道路的连通，从而更好地服务广大群众，形成具有特色的山林健身公园。

1. 建设前面临问题

（1）景观粗放

景观粗放，缺乏亮点，植被单一。山体的绿化覆盖率是 95%，但是苗木品种主要以侧柏、桧柏、刺槐为主，没能形成自然的山林植物配置。景点周围的绿化模式单一，景观效果有待提升。侵占林地、水土流失现象严重。

（2）基础设施和服务设施不足

水电、排污等基础设施不完善，影响了日常的养护管理，供市民用的休息、健身、避雨等设施和场地不足，无法为市民提供更周到的服务。

（3）安全隐患

个别游人比较多的部位存在山体裸露、崖壁陡峭、风化松动、落石等危险现象。

（4）道路系统问题

道路系统不完整，贯通性不好，原有道路破损严重。

（5）出入口问题

仅有两处主入口，次入口 17 处，但大部分被居住区围挡，百姓上山不方便。

2. 修复措施

（1）破损山体治理

项目实施前由于山体存在多处山体裸露、崖壁陡峭、风化松动、落石等危险现象，对于破损山体的治理主要有两个方面：

1）断崖下部平台绿化处理：断崖下部先将菜地清除后通过回填渣土和种植土，形成绿化遮挡，阻止行人进入断崖下方绿地。类似位置共有 4 处，平台绿化面积约为 8000m^2（图 4-60、图 4-61）。

2）断崖上部危险平台排险：在断崖上部通过增加护栏的方法，形成观景平台。类似的位置共有 6 处，破损面积约为 1800m^2。

（2）精品景观节点和服务设施建设

1）对游客集中的区域重新铺设了道路，补植了各类苗木和宿根地被（图 4-62），增设了坐凳、垃圾桶和残疾人坡道，改造了两侧入口，并重塑景观。

2）对山体原有排水沟进行景观改造，补植大规格苗木和花灌木，形成宜人的河道景观。河道两侧做自然石驳岸，设置亲水平台、跌水景观，改造原有石桥，增设景观桥、景观亭（图 4-63）。

3）注重在结合原貌修建过程中，采取经济环保的措施，植被恢

4-60

4-61

4-62

复以乡土植物为主，山石点缀就地取材，将废弃的木桩作为树池临时性的铺装材料，不仅美观而且可自然分解（图 4-64）。

> 4）为满足市民休闲健身需要，将山体建设成为了一个集活动、休闲健身和聚会功能于一体的游园，同时兼顾绿道驿站的功能。部分节点在设计时，结合现场地形，整合现有活动空间，排除破损山体等安全隐患，通过合理的空间布局，将管理建筑、厕所等服务建筑结合到景观中。

> 5）充分满足了不同群体健身的需求。充分采纳游人意见，对老人、儿童和青年人不同的健身游玩需求，采用不同的铺装方式，同时兼顾特殊健身项目的需求，打造了特殊健身设施和空间环境（图 4-65）。

> 例如景区内的习武园太极岛改造建设：该园区位于六里山南部，规划将原有杂乱的活动空间重新整合，利用现有资源建设以武术为特色的园区。为喜爱形意拳、中国式摔跤、太极拳等健身项目的市民提供交流平台。结合现状地形和周边市民的使用习惯，将此规划设计为健身活动场地，以习武健身为主题。习武雕塑、梅花桩以及健身器械的设置，给广场增加了趣味性和参与性。太极岛改造结合原有地形，增加石材压顶加固原有挡墙。补植花灌木和常绿植物，增加石桌、石凳，场地铺装采用青砖立砌与卵石结合的形式，营造古朴、幽静的山林环境。

> （3）道路改造连通工程

> 路网的形成对山体水土保持起到重要作用，通过理清主路和支路，将市民通行比较多的土路修建成园路，并与已形成的路网连接，将山体打造成多环网状的步行系统并形成道路分级。通过改造形成了以“一圈一带”为主的路网格局，4.5km 绿道建设，其中环山绿道糠粱路铺设 3km，七里山消防通道 1.5km。通过对山体道路整治、提升并连通，形成山林绿道，市民可以参与慢跑等健身活动，全长 4800m（含贯通南北绿道的织翠桥）。针对景区山体被市政道路隔离的问题，通过连接栈桥建设，使景区成为统一整体，实现绿道连通。

> 此外，通过改造出入口，使出入口从设施、景观等方面得到了全面提升，方便了居民就近上山。

专栏 4-8 主要生态铺装类型

>> 1）糠粱砂铺装

>> 在道路两侧小广场建设时，采用了糠粱砂与料石相结合的铺装方式，既保证了道路与周边环境的统一、协调，又减少了山体地表径流及雨洪危害，同时，糠粱砂铺装还具有透水、透气、脚感好的特点（图 4-66）。

>> 2）毛石铺装

>> 原有道路破损严重，根据需求采用毛石材质进行新建修复，天然毛石形状各异，铺设

4-63

时形成自然的冰裂纹图案。建设完成拆建毛石道路 1500m，消防通道 500m（图 4-67）。

>> 3）清口石铺装

>> 清口石主要是由天然青石、石灰石、砂石等被切割成 90° 角的方形石，主要用于台阶铺装。清口石表面往往需要做防滑处理。

> （4）苗木种植

> 依据总体规划，在风景区保留乡土树种的基础上，大量补植植物，丰富季相变化。

> 四季景观林：骨干树种有丁香、连翘、玉兰、合欢、紫薇、冬青、紫叶李、贴梗海棠。

> 成年柏树林骨干树种：侧柏、圆柏。

> 混交林骨干树种：雪松、水杉、国槐、木槿、金银木。

> 色叶补充林骨干树种：黄栌、火炬树。

> 道路两侧景观林骨干树种：银杏、法桐。

> （5）管理养护

> 充分利用山下中水站，将中水引上山，解决了山体灌溉、消防、保洁及景观用水需求，同时营造部分水景节点。将水引入景点，设计为自然水溪，汇入下方水池，可做绿化养护用水，改造后为英雄山景观添入了“柔性、灵活”的元素，形成一大亮点。

> （6）市民参与

> 在山体公园建设过程中，充分注重市民参与，将规划、设计公示在人群聚集多的广场，充分接受群众意见和建议；在建设过程中，更是充分接受群众监督，采纳合理建议，整个项目在实施前后市民都进行了全面细致的参与。

4.4.5 腊山山体公园

> 槐荫区的腊山山体公园占地 75.25hm^2，紧邻腊山河，是城区少见的山水相依的公园。在腊山广植苗木的同时，槐荫区园林部门坚持显山露水，在腊山与腊山河之间打造了绿草茵茵的腊山湖公园，将山与河衔接起来，使之成为集景色宜人、近绿亲水于一体的精品工程。

4-64

图 4-63　景观亭（英雄山）
图 4-64　木桩废料铺装保护侧柏
图 4-65　根据民众要求设置不同铺装
图 4-66　糠粱砂铺装

4-65

4-66

1. 山体绿化求拓展，多点共进造好园

一是抓造绿。绿化中，克服土层瘠薄、山岩裸露等困难，利用砌垒鱼鳞坑、引入客土、修建输水设施等措施，破解了荒山绿化难题；同时采用多品种、多层次、多色彩花木配置，形成了布局丰富、季相明显的“多彩腊山”主题。昔日的“不毛之地荒山坡”已变为“郁郁葱葱绿树遮”的现实景象。

二是建设施。为丰富园林内涵，提升公园品位，相继建成了山门牌坊、齐烟阁等标志性建筑和游园广场、步道等设施，公园整体服务功能逐步完善，游园氛围日渐浓厚。

三是重管护。建设队伍一手抓保苗、一手抓护绿，力争栽一株活一株，植一片绿一片，造林绿化实现了“一年一大步，公园山满树”的确定目标。同时，严把山林防火关，通过安装监控设施、成立巡查队伍、建立通讯平台，防火工作走向常态化、正规化，巩固了育林成果，促进了公园绿化的持续发展。

2. 湖区公园建精品，山水融合出特色

依托腊山湖遗留文脉，结合腊山分洪治理工程，发挥湿地“绿肾”生态净化功能，借助园林美化理念做足水文章，建成全市别具一格、山水相依为特色的湿地公园。

营造开阔大气湖区架构。实施湖区截污、河道疏浚、湖面开挖、驳岸塑造建设。

谋划生态野趣园区布局。增设了木质景亭、观景栈道、道路铺装、小品设施、水体湿地等设施。

构建清新自然湿地景观。栽植银杏、柳树、淡竹等乔灌木。时下，腊山景区一湖碧水、簇簇新绿，正呈现青山骋怀、苇影淡荡的姿彩，为济南西部现代化新区建设增添了盎然生机、勃发活力。

3. 推进续建工程，再造山体公园新亮点

目前，腊山公园续建任务基本完工。续建区域位于腊山北路北侧，属腊山公园组成部分，主题构思为结合周边地形地貌，建设腊山湖园区主入口，打造精品园林景观，创建绿色生态空间。工程共计拆除房屋 400m^2，拆除混凝土地面 500m^2，清运渣土 4500m^3，回填种植土 2400m^3，栽植苗木近千株，铺种草皮 3000m^2，增加了主题雕塑小品、花架、花箱、树池坐凳等基础设施，为腊山公园增添了靓丽色彩。

4. 建立长效管护机制，确保园区提质增效

成立专门的管护队伍，实施精细化管理，为市民提供良好的登山环境。同时，严把山林防火关，通过安装监控设施、成立巡查队伍、建立通讯平台，防火工作走向常态化、正规化，促进了公园绿化的持续发展。

如今，腊山一改往日破旧面貌，山体公园已经建设完成并开放，成为济南西部城区居民休闲健身的好去处（图 4-68、图 4-69）。

4–67

4–68

图 4-67　毛石嵌草铺装
图 4-68　游憩步道
图 4-69　腊山山水相依

3

规划篇 URBAN PLANNING

近年来，济南市一方面通过加大破损山体修复工作的推进力度，确保了山体保护治理工程和山体公园建设的高效实施。另一方面进一步强化规划引领，围绕城市“显山露水”、山体资源保护和利用、山体风貌规划，构建一幅“山泉湖河城”协调发展的宏伟蓝图，助力泉城绿色崛起。本篇内容主要来源于市规划、园林部门组织编制的阶段性成果。

>>

>>

V

第5章

济南市山体生态修复规划策略

山和水是济南宝贵的自然资源，为做好城市“显山露水”，济南市围绕山体景观资源保护与利用，开展了深入细致的研究，在市委、市政府坚强领导下，规划、国土、园林部门紧密配合，协作攻坚，加强专项研究与规划编制。

5.1 “一保三控”规划策略

> “一保三控”是指严格保护山体自然资源、控制山城天际轮廓线、控制观山廊道、控制山体周边建设，具体内容如下：

5.1.1 严格保护山体自然资源

> 在城市建设迅速发展的背景下“保”住青山，是做好山体景观保护的前提。

> 1. 划定城市建设用地永久南边界

> 将南控线作为城市建设用地永久南边界（图 5–1），南控线以南山体为生态保育区，严控城市向南部山区蔓延，将南部群山作为城市景观背景。

> 2. 划定城市建设用地内山体保护线

> 南控线以北为城市建设用地，用地内山体划定山体保护线，界定山体禁建保护区，保护山体自然环境、轮廓线完整及地形地貌安全稳定。范围涵盖山体本体线和周边，禁止与山体保护、园林建设无关的开发活动。以以下五大原则为前提：

> 原则一：以现状山脚线为基础、林缘线为补充；

> 原则二：以现状建设及管理信息为校核；

> 原则三：与土地利用规划、城市规划等相衔接；

> 原则四：与风景名胜区保护范围相衔接；

> 原则五：中心城城市建设区范围内跟山体相关的小型绿地、绿化广场纳入山体管控范围。

5.1.2 控制山城天际轮廓线

> 突显济南青山特色，提高山体轮廓线在城市天际线中所占比例，明确山城天际轮廓线控制要求，塑造和谐、优美的天际线景观。

> 1. 强化老城“山、城、湖”天际线特色保护

> “佛山倒影”是泉城特色景观和传统风貌核心，目前已有中豪大厦、山东新闻大厦、良友富临大酒店等高层、超高层建筑对观山视廊产生遮挡（图 5–2）。

> 建立两级控制区域，在核心区基础上扩大至外围协调区。

> 严格控制区（东西向宽度约 600~850m）：东至历山路、西至青年东路。区内严守现状，严控新建建筑高度、体量，需满足大明湖北岸至千佛山一览亭以上山体的通视要求。

> 外围协调区（严格控制区外扩宽度约 600m）：东至山师东路、西至玉函路。区内控制约 60% 的山脊线，新建建筑高度、体量需围绕山体通视关系充分论证。

2. 保护南部群山天际线背景

南部群山是城市建设的特色背景。通过加强对传统观山场所、交通走廊及新区天际线的设计与控制，实现对南部群山天际线的保护。

（1）保护传统观山场所

大明湖公园、东西护城河、超然楼、泉城广场、解放阁等是城市传统观山景点（图 5–3），加强对其观山广场、廊道、街巷周边用地的建设控制要求研究。

（2）预留高架观山区域

系统梳理具有观赏条件的集散空间视点及交通走廊视点区域（图 5–4），在规划中予以预留与保护。

（3）发掘新的公众观赏场所

结合老城中心、北湖、CBD 等城市发展重大项目的建设意向，发掘超高层建筑、平台等新的观山场所，确定城市南部群山的山景眺望点，完善远眺观景设施、打造观景平台。

（4）东部、西部新城区天际线保护

结合新区建设，注重利用山城天际线景观资源禀赋（图 5–5、图 5–6），以呼应山脊线走势为高度控制原则，优化山体与建筑的天际轮廓线，丰富南部山城天际线景观。

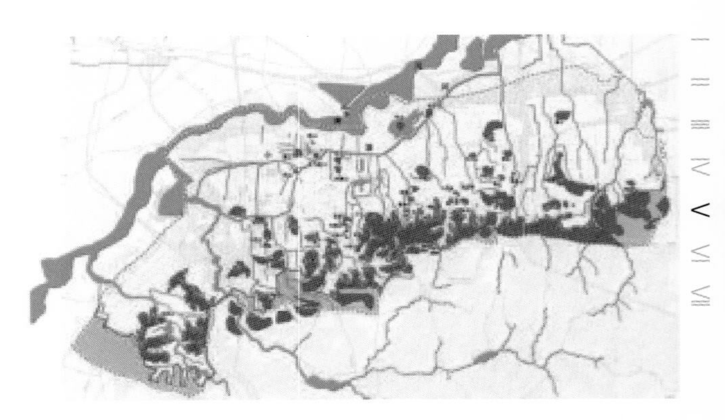

5–1

5.1.3 控制观山廊道

控制山—山视廊、对景观山视廊、沿线观山视廊，将山体景观引入到城市，实现城市透绿、引山景入城。

1. 控制山—山视廊

（1）“齐烟九点”视廊

“齐烟九点”是泉城久负盛名的景观之一，目前，“九点”中的匡山、北马鞍山、凤凰山、标山等山体已经被建筑物遮挡。

结合城市建设与山体资源现状，重点控制“齐烟九点”中千佛山—华山、华山—鹊山视廊，确定视线通廊控制范围、建筑高度控制要求。

（2）其他“山—山”视廊

针对城市北部药山、东部茂岭山等山体密集分布区域，应控制周边相关建筑高度（图 5–7），打造药山至北马鞍山、粟山、匡山，茂岭山至马山坡等山—山视线通廊。

2. 控制道路对景观山廊道

包括纬一路、民生大街、历山路、千佛山路等南北向观山对景道路，对道路两侧用地功能、建筑高度提出管控要求（图 5–8）。

5–2

中豪大酒店
华能大厦
中国银行
凯胜中心
贵和商厦
银座大酒店
玉泉森信大酒店
永安大厦

> 将山体对景道路作为重要的景观视廊，采取规划措施，引山景入城，促进绿色自然与城市充分融合，有效提升济南山城景观特色。

> 3. 控制道路沿线观山廊道

> 预留开敞空间，增加供公众休闲、活动的观山场所，着重打造旅游路、经十路、二环南路、北园高架、二环北高架等沿线观山道路。

> 沿线观山道路是展示山景与城景相互渗透、延伸的重要视廊，通过规划措施，实现城市透绿，增加景观层次，实现步移景异、虚实相间的山城景观效果。

5.1.4 控制山体周边建设

> 在山体禁建区外划定建设协调区，规划管控山体周边建设。区内规划环山慢行系统及环山路，明确开敞空间、建筑高度、形式及色彩的控制要求。

> 山体建设协调区划定，与山体级别、作用有关。

> 根据山体在城市空间格局、历史文化、景观风貌等方面的作用，按照名山、标志山、生活性山分三级保护（表 5-1）。

山体三级保护评价要素及名称 表 5-1

级别	名山	标志性山	生活性山
评价要素	历史文化底蕴深厚、城市空间结构的重要构成要素、市民传统和重要的活动场所	市民重要的活动场所、具有较高的景观价值及历史文化底蕴	市民或社区居民日常重要活动场所，具有一定的景观及保护价值
山体名称	千佛山、华山、鹊山、药山、匡山、英雄山、茂岭山、燕子山、佛慧山、腊山等	鲍山、蒋山、雪山、莲花山、朗茂山、万灵山、青龙山、峨眉山、转山等	鳌角山、琵琶山、洪山等

> 1. 明确建设协调区范围

> 综合考虑山体级别、体量、区位、周边现状等因素，合理划定建设协调区范围。

> 名山建设协调区：两倍山体高度；

> 标志性山建设协调区：一倍山体高度；

> 生活性山不明确建设协调区，结合山体周边建设进行景观协调。

> 上述山体类型中，名山建设协调区范围及控制要求将纳入片区控制性详细规划，作为刚性内容进行管控。

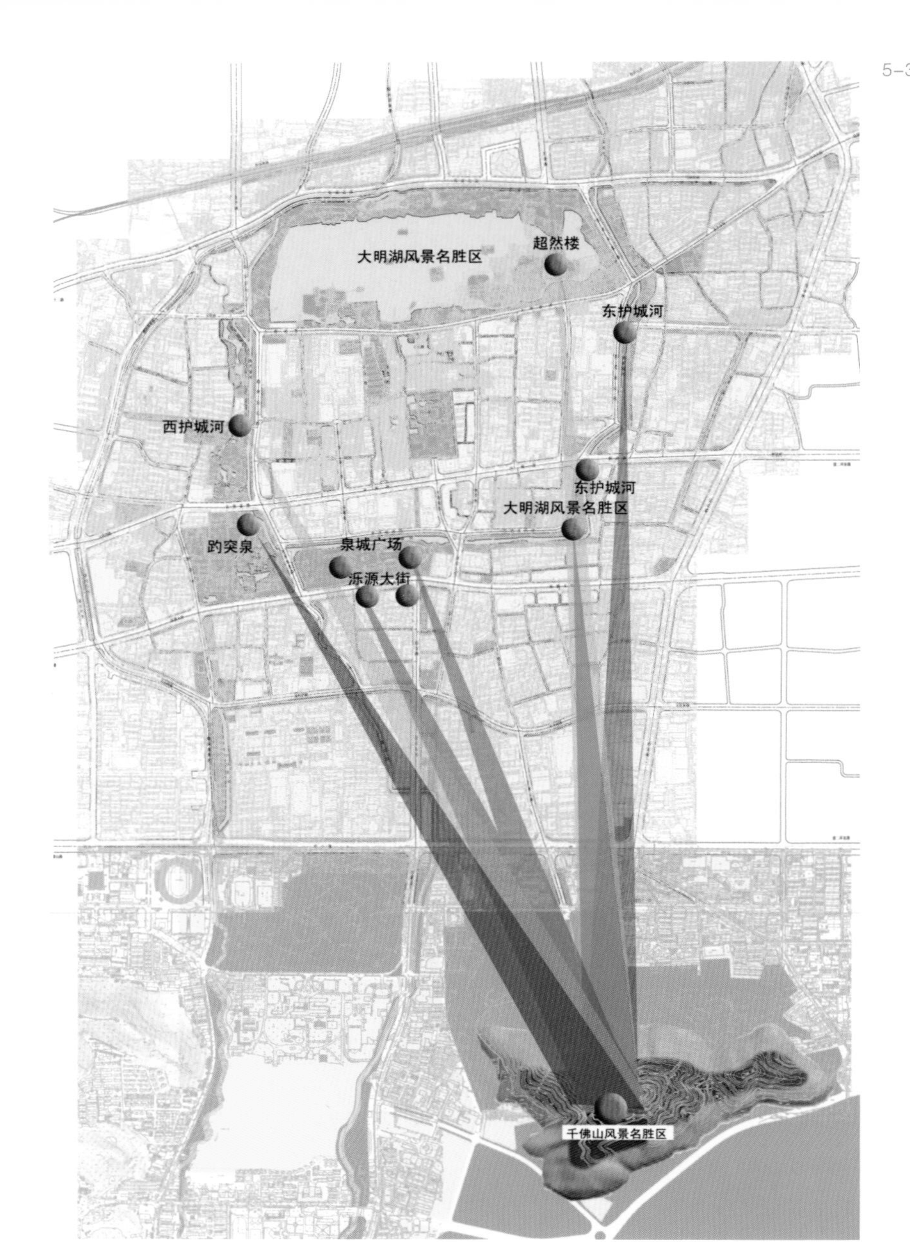
大明湖风景名胜区
超然楼
东护城河
西护城河
东护城河
大明湖风景名胜区
趵突泉
泉城广场
泺源大街
千佛山风景名胜区

5-3

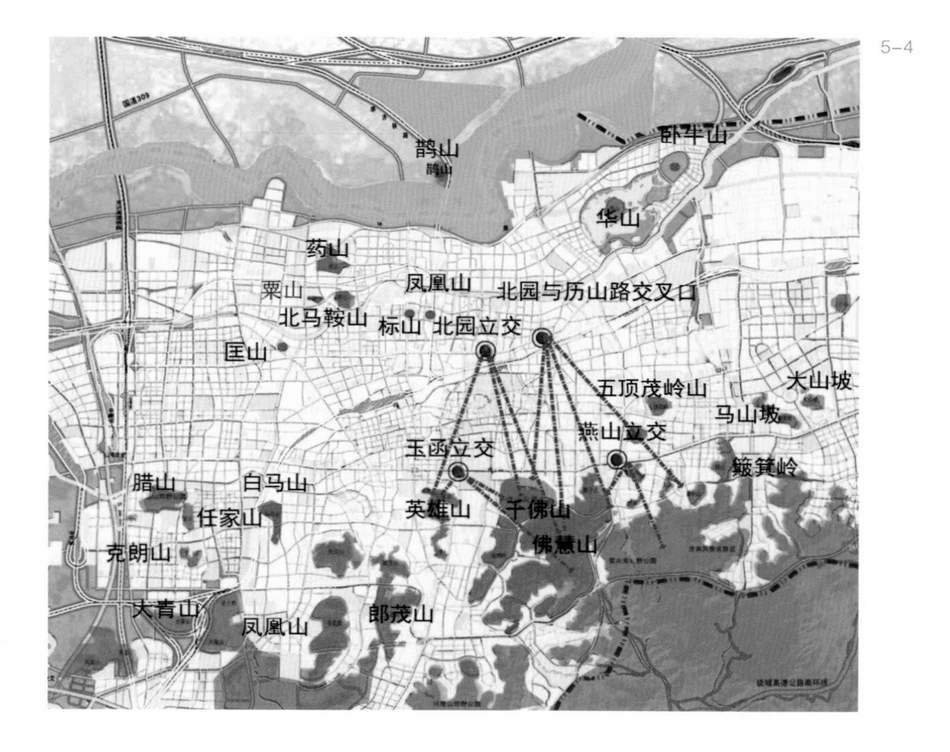
鹊山
卧牛山
华山
药山
粟山
凤凰山
北园与历山路交叉口
北马鞍山
标山
北园立交
匡山
五顶茂岭山
大山坡
马山坡
燕山立交
玉函立交
簸箕岭
腊山
白马山
任家山
英雄山
千佛山
佛慧山
克朗山
大青山
凤凰山
郎茂山

5-4

图 5-3 传统观山景点
图 5-4 预留高架观山区域
图 5-5 东部新城区山体与建筑的天际轮廓线
图 5-6 西部新城区山体与建筑的天际轮廓线

5-5

5-6

5–7

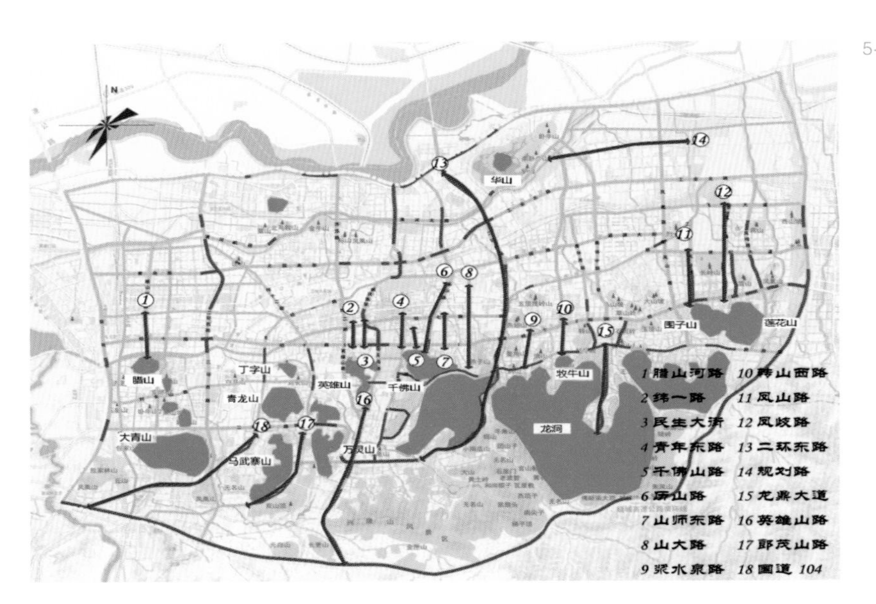

5–8

2. 预留开敞空间、廊道

（1）开敞空间

设置居民休闲、活动的公共绿地或广场，加强山体空间的渗透。

市民在街道、广场、住区等城市空间能够观山，使市民能感受到城市环境品质的提升。

（2）观山绿道

适当开敞临山空间，合理组织地标建筑与山体之间的绿化景观廊道。

3. 规划环山道路

（1）环山主、次干道

以主、次干道围合山体所在街坊（图 5–9），街坊内功能为山体绿地、公园绿地，如蒋山、小姑山等。控制山体周边建设强度，开敞山体景观，打造绿地公园，使山体“可观、可赏”的同时提供市民健身娱乐的公共场所。

（2）环山支路

“划路为界”，界定山体自然用地边界，如大汉峪、雪山等需结合山体周边绿化设置支路（图 5–10），组织山体景点，提供市民“亲山、游山”慢行步道空间。

4. 建筑高度、体量要求

（1）建筑高度

临山建筑以自山体周边向外逐渐升高为主。涉及重要观山廊道，

图 5-7 建筑影响山—山视廊
图 5-8 道路对景观山廊道
图 5-9 环山景观道路

5-9

5-10

需同时考虑视廊内建筑高度不遮挡观山视线的原则进行特殊控制。

> （2）建筑体量、形式

> 临山建设区高层建筑以点式、柱式为主，增加山体景观通透性。多、低层建筑适当采用坡顶造型，顺应山势，提倡化整为零，采用分散式布局方式（图 5-11）。

5.2 规划原则

> 为贯彻绿色发展、共享发展理念，全面做好“显山露水”文章，按照“护山、育山、观山、游山”四大主题（图 5-12），突出以“山”为载体的生态环境建设、城市环境提升和历史文化传承。

5.2.1 坚持“护山”为先

> 科学划定并严格遵守中心城建设南边界、山体保护控制线。

5.2.2 坚持“育山”为基

> 重点开展中心城内山体生态修复、绿化提升、山体公园建设工程。

5.2.3 坚持“观山”为要

> 强化重要视线通廊、山体周边及山体风貌片区、特色天际线保护和临山近山视廊管控。

5.2.4 坚持“游山”为用

> 按照“共享惠民”原则拓展山体休闲、游憩功能，努力构建“山水相依、山城相融”的现代泉城绿色发展格局。

5-11

5–12

图 5-12　山体生态环境

第6章

山体风貌研究与规划

济南南依泰山山脉，北临黄河，地处鲁中低山丘陵与华北冲积平原的交界地带，地势南高北低，为城市提供得天独厚的景观发展环境，而城市依托这一环境优势，形成独特的山城空间特色和景观风貌特色。济南山体众多，仅位于绕城高速以内的山体面积约为 120km^2，占据绕城高速以内高达 1/5 的面积。

为更好地保护城市风貌，“显山露水”，彰显城市山体特色，打造丰富多彩的山体景观，为人们提供更多休憩、游览场所，编制《济南市山体景观风貌专项规划》。规划对济南市绕城高速以内 167 座山体、340 座山峰进行调查、分析、研究，明晰山体与城市空间的关系，突显“山、泉、湖、河、城”城市风貌；把握济南“一城山色”空间格局，保护和展现城市山体特色；研究城市山体景观视廊，对城市建设提出建议；划定山体控制线，对山体实行切实有效的保护，完善山体功能，改善城市人居环境；对山体公园历史文化、植被特色、游览设施及建构筑物等进行分类引导与控制，塑造丰富而具有特色的城市山体风貌景观；明确山体公园主题定位，对后期建设提出控制要求。

6.1 山体风貌与城市空间环境

> 济南具有天然山水城市的优越自然禀赋，尤其以山、泉、湖、河、城有机结合为一体构成的济南独特的城市风貌特色为代表。

> 在保护的前提下进行山体生态修复及山体公园建设，不仅仅是山体自身的更新改造，还应统筹考虑山体风貌统一性及单个山体的特色性。规划应在更广阔的空间层面，以更长的历史视角来思考城市山体的发展定位。通过山与泉、湖、河、城、人的协调发展，带动济南城市风貌的提升，在“改善城市自然环境、提升居民生活品质、传承历史文化”等方面发挥更大的作用。

6.1.1 城市山体风貌发展定位

> 通过规划让山、城、人和谐共存，互利互惠，协调发展，将济南打造成中国山水城市的典范，基于此，将济南山体发展风貌定位为“山与山相连、泉与山共荣、湖与山相映、河与山相系、城与山相融、人与山相依”。

> 山与山相连——打破山体斑块存在的状态，建立山与山之间的有机联系。

> 泉与山共荣——加强山体生态保护是泉水喷涌的先决条件，泉的繁荣反过来促进山体保护，泉与山互利共荣。

> 湖与山相映——湖光山色相映生辉，构成济南山水城市的大生态印象。

> 河与山相系——河是城市流动的风景，以河为纽带将山与山、山与城、山与湖有机联系起来。

> 城与山相融——城的发展以保护山体景观生态为前提，山城相融，打造生态人居典范。

> 人与山相依——山为人提供良好的景观环境，是人之依靠，人保护山体，实现人与山和谐发展。

6.1.2 山・城空间环境分析

> 以城市地形以及建筑高程等相关数据为基础，利用 GIS 技术对济南市区基本地形建模，分析城市大环境立体空间布局、山与城关系（图 6–1、图 6–2）。

> 山体是济南市重要的“绿肺”，在城市中起到提升景观、调节周边气候、涵养水源、净化空气、提高大气负氧离子含量等生态功能，为自然生物提供良好生境，改善人居环境。

> 济南东部、南部山体之间用地，一般都在山体 500~1000m 辐射半径之内，直接受益于山体生态影响（图 6–3）。

> 尤其是济南南部由于受到山体的分隔，城市呈组团式发展，得到有机疏散，南部片区

能够更好地与周围山体融合，与良好的生态环境具有更紧密的关系（图 6–4~ 图 6–6）。

> 然而，山体作为历史上济南城市空间拓展的边缘化地区，一方面山体被逐渐围合、遮挡，造成“见楼难见山”、“有山无景”的尴尬处境；另一方面山体被周边建筑侵蚀，尤其是部分山体山脚部分被挖掉，山体轮廓受到破坏，山体的生态环境受到不同程度的破坏，导致城市山体的资源价值无法充分展现（图 6–7）。

> 城市规划要充分考虑使城市发展与山体风貌保护之间的矛盾最小化，加强山与城空间环境保护，使山体在展示城市形象、保护城市生态环境等方面发挥更大的作用。因此，重点发展红线划定、建筑控制、特色山体视廊保护、山体资源保护四个方面来保护济南的山与城空间环境。

6–1

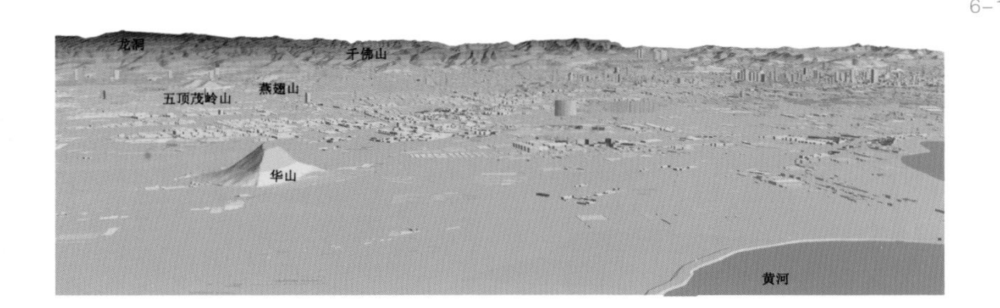

6–2

6–3

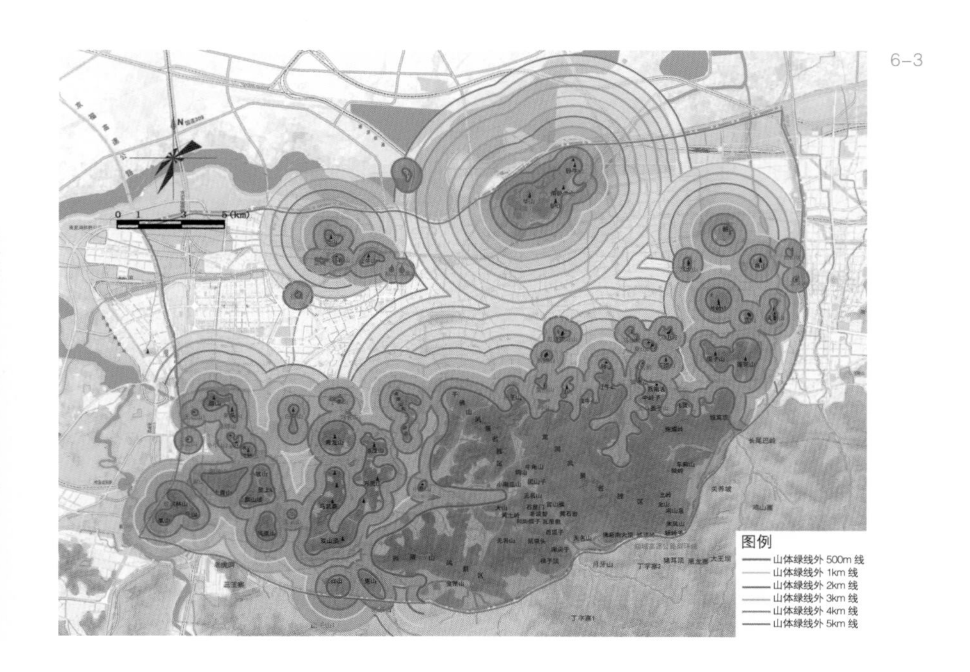

6-4

6-5

1. 划定城市向南发展红线

尽快划定城市向南发展红线，防止城市建设对南部山体的进一步遮挡和破坏，保护南部群山，从源头上保护济南泉水，继而保护济南城市风貌特色。

2. 建筑控制

控制山体周边建筑体量与风格，使其与山的体量相协调，形成优美的城市天际线。

3. 梳理特色山体视廊加以保护

梳理特色山体视廊加以保护，以更好地展示山与城空间环境，彰显济南城市风貌特色，同时唤醒人们保护山与城空间环境的意识。

4. 保护山体资源

山体是山与城空间环境的基础要素，通过保护山体的生态、景观等资源，营造良好的城市风貌（图 6–8）。

6.2　山体风貌与景观视廊

济南一城山色半城湖，随着城市的发展，越来越多的山体周边用地被纳入建设用地范围，山体与城市的联系更加紧密，是城市的绿色背景和骨架。

古人即非常注重济南山景的欣赏，其中较为著名的有“齐烟九点”、“佛山倒影”、“鹊华秋色”等（图 6–9、图 6–10）。

现在，无论是外地游客还是本地居民，对山体的直接印象往往是从道路上获得的。而很大一部分居民可以从居民楼欣赏连绵起伏的山体风貌以及山城交融的城市风貌，还可以从山顶以及标志性建筑物、公园等景观节点来欣赏（图 6–11）。

城市视廊是在城市高点（山体、建筑物）之间或通过延续的道路、河道形成的视觉廊道。景观视廊是展示山体风貌特色、山与城空间环境的重要途径。

因此，规划以 GIS 技术对济南市区基本地形所建模型为基础，结合现场考察，分析城市山体可见性，重点梳理山体景观视廊，控制视廊通透性，防止城市建设进一步破坏城市观山视线。

6.2.1　城市山体可见性分析

从人视角度和建筑高度角度对山体进行可见性分析，作为判断山体风貌展示、生态修复、林相改造等重点区域的依据之一。

1. 人视角度城市山体可见性分析

结合现场调研和街景地图查阅，总结出济南市主、次干道能看到山的路段长约 110km。通过 GIS 建模，在这些能看到山的路段上约每隔 110m 均匀布点，总布点数约 1000 个，从人视角度对全市山体进行可见度分析。GIS 模型中以不同的色块表示山被看到的频次高低，被几个点看到，频次就是几。其中，白色代表频次低（0~25 次），蓝色代表频次中（25~50 次），绿色代表频次高（50~100 次），红色代表频次极高（100~213 次）（图 6–12）。

6–6

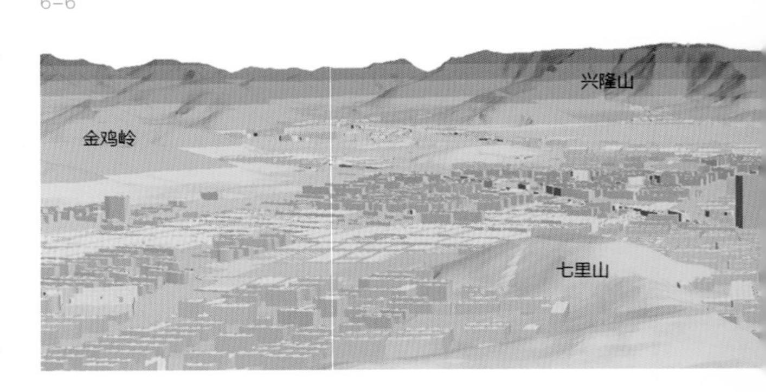

6–7

2. 建筑高度角度山体可见性分析

在山城相融的大背景下，单纯脱离开城市建筑欣赏山体已经越来越难，建筑与山体共同形成济南独特的城市剪影画面。在快速发展的城市空间中，我们依然可以欣赏到多角度的美景。

分别从 15m、30m、60m、90m 4 个建筑高度对山体可见性进行分析，得出如下结论：经十路沿线建筑从 15m 高度已很难看到山，30m 高度往上基本可以看到南部连绵的山体轮廓，60m 高度以上观山效果非常好（图 6–13）。北园路、经七路沿线建筑从 60m 高度往上可以看到南部连绵的山体轮廓，形成比较好的城市山体界面。90m 高度以上观山效果非常好（图 6–14）。

6.2.2 城市山体景观视廊梳理

重点梳理山—山视廊、主要道路观山线、景观节点观山视线，进一步建议梳理城市特色山体视廊，控制视廊通透性，防止城市建设进一步破坏城市观山视线。

1. 山—山视廊控制要求

济南南部、东部山体组团之间视廊密集，城市规划中要控制山体组团之间建筑高度，保证山—山之间视廊通透性。

济南北部齐烟九点之间城市规划要注意保护现有视廊。

南北之间保证千佛山、佛慧山与鹊山、华山通视，保证燕翅山看华山的效果（图 6–15、图 6–16）。

2. 主要道路观山线

道路具有高度的可参与性，道路观山视线是体现城市山体风貌的重要区域。

济南市经典观山道路主要有旅游路、绕城高速南线和东南线、二环南路、二环东路南半段、黄河大坝（图 6–17）。

3. 景观节点观山视线

由于建筑物遮挡，目前济南公园、广场等空间能看到济南山体风貌的已非常难得，有代表性的主要为大明湖公园，超然楼作为大明湖公园的制高点，可见山体数量较多。通过调查，结合 GIS 分析，超然楼上可见的山体包括千佛山、燕子山、佛慧山、马鞍山、郎茂山、青龙山、华山、燕翅山、茂岭山以及龙洞部分山体。

据统计，目前济南 100m 以上的高层建筑有 200 余座，其中，已建成的高 100~110m 的为 91 座，高 110m 以上的为 61 座 。主要为商业建筑，部分特色城市高层建筑视野比较开阔，是观赏济南山体景观风貌的重要节点，如恒大 518、绿地普利中心、银座索菲特饭店、汉峪金谷片区建筑等（图 6–18）。

图 6–8　山城空间环境

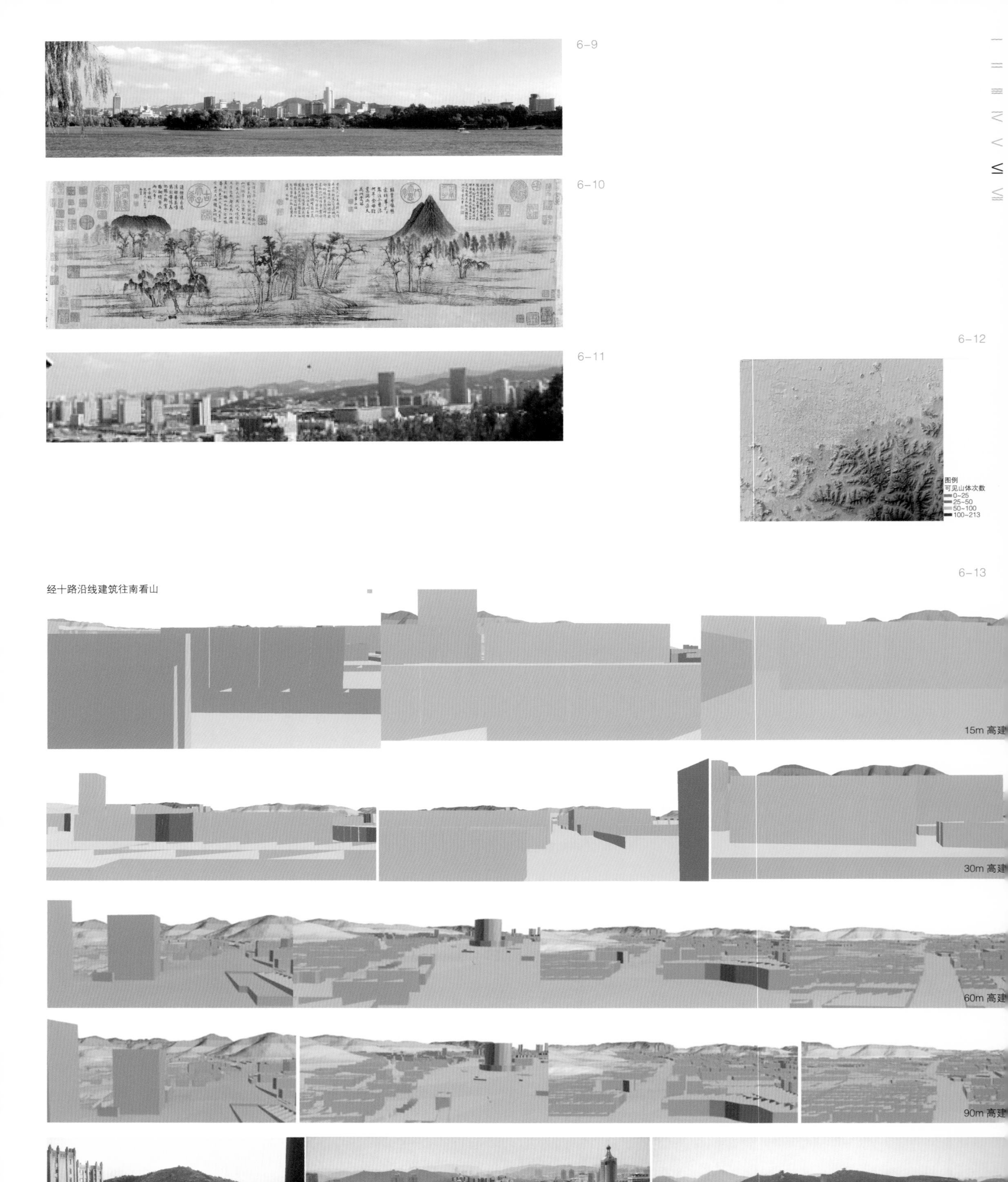
6-9
6-10
6-11
6-12
图例
可见山体次数
0-25
25-50
50-100
100-213
6-13
经十路沿线建筑往南看山
15m 高建
30m 高建
60m 高建
90m 高建

图 6-9　佛山倒影
图 6-10　鹊华秋色图
图 6-11　五顶茂岭山看省博及东部诸山
图 6-12　城市山体可见度分析
图 6-13　经十路沿线不同建筑高度看南部群山的对比
图 6-14　北园路、经七路 60m 高度和 90m 高度看南部群山的对比
图 6-15　山—山视廊图

6-14

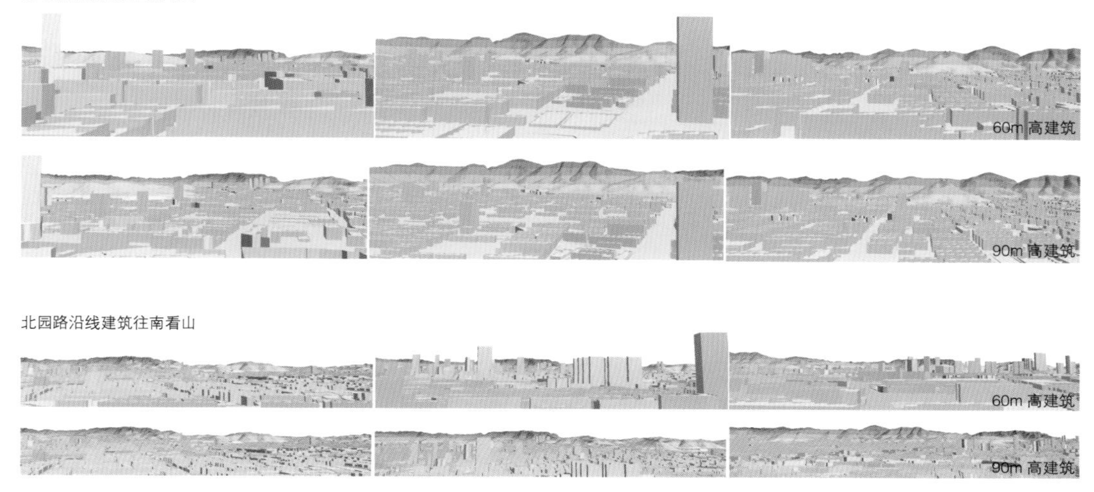

6-15

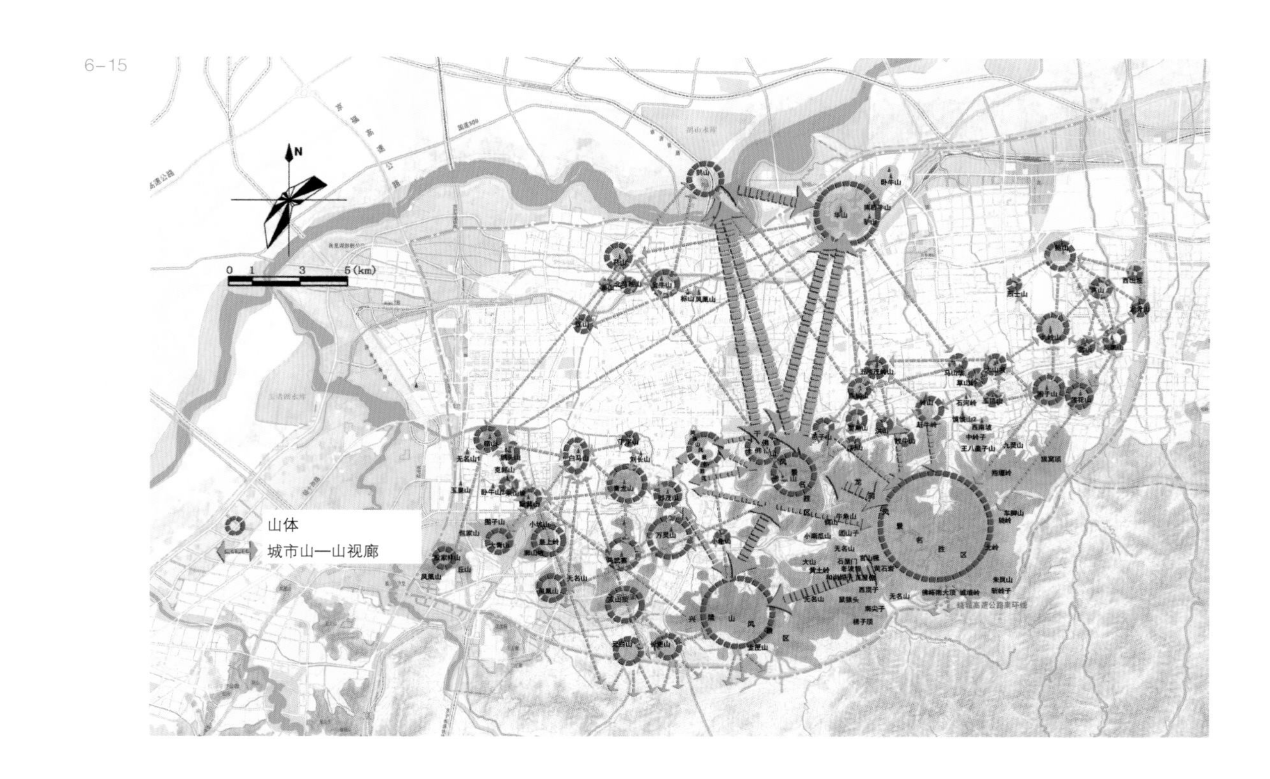

图 6-16　燕翅山看龙洞、老虎山等

6-17

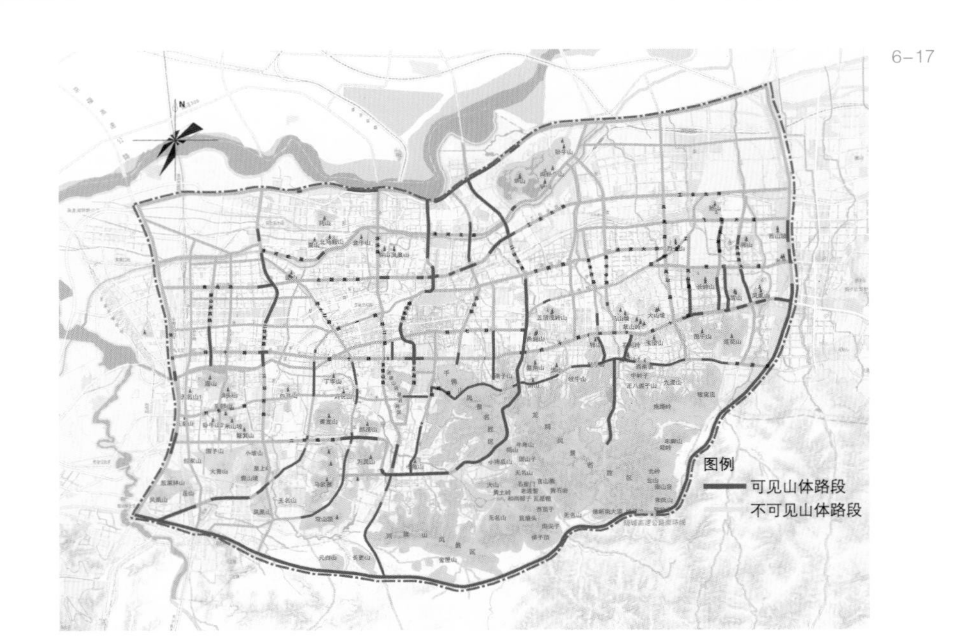
N
图例
可见山体路段
不可见山体路段

6-18

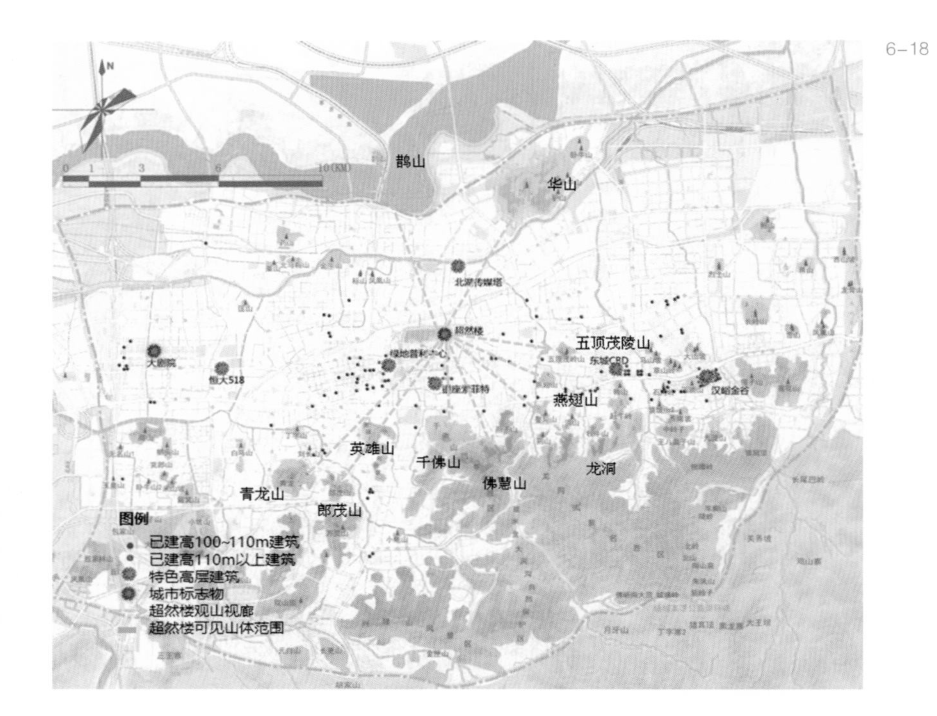
N
0 1 3 6 10(KM)
鹊山
华山
北湖传媒塔
超然楼
五顶茂陵山
绿地普利中心
大剧院
恒大518
东城CBD
汉峪金谷
燕翅山
英雄山
千佛山
佛慧山
龙洞
青龙山
郎茂山
图例
已建高100~110m建筑
已建高110m以上建筑
特色高层建筑
城市标志物
超然楼观山视廊
超然楼可见山体范围

6-19

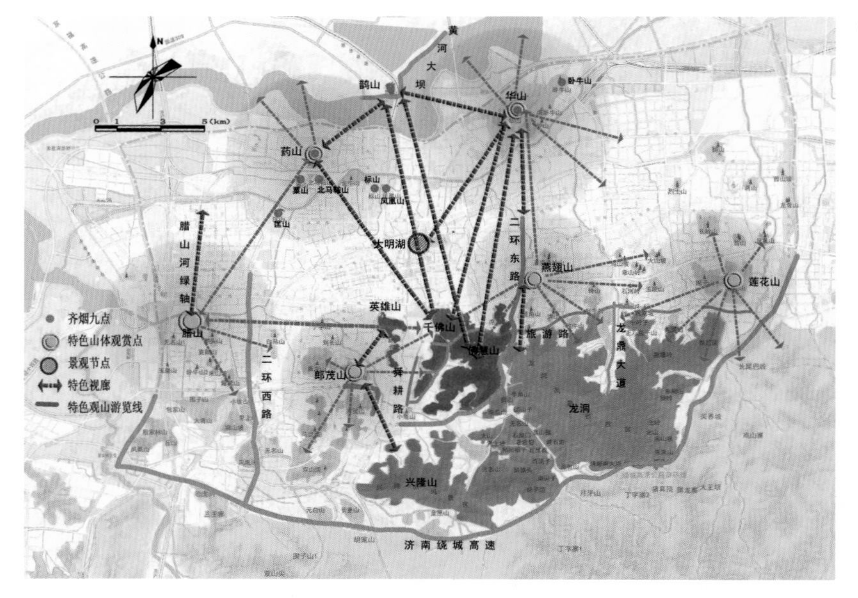
N
0 1 3 5 (km)
黄河大坝
鹊山
华山
卧牛山
药山
标山
凤凰山
大明湖
腊山河绿轴
二环东路
燕翅山
莲花山
英雄山
千佛山
佛慧山
旅游路
龙鼎大道
腊山
郎茂山
二环西路
舜耕路
龙洞
兴隆山
济南绕城高速
齐烟九点
特色山体观赏点
景观节点
特色视廊
特色观山游览线

> 4. 城市特色景观视廊

> 规划梳理城市特色景观视廊，展示济南山体整体风貌，作为济南山体旅游的一个亮点，进行严格保护（图 6-19）。

> 通过保护“齐烟九点”视廊，控制千佛山与鹊山、华山、药山、北马鞍山视廊；保护“鹊华烟雨”视廊，控制超然楼与鹊山、华山视廊；保护“佛山倒影” 视廊，控制大明湖往南看城市山体天际线。

> 规划筛选腊山、郎茂山、燕翅山、莲花山、华山、药山等形成的视野宽广的山体观赏点。

> 对重要山体风景区之间视廊进行严格控制，包括佛慧山—华山、佛慧山—鹊山、千佛山—鹊山、千佛山—华山、华山—鹊山、鹊山—药山视廊控制。

> 梳理特色观山游览线，二环东路与北侧华山、南侧龙洞、佛慧山之间的视廊保护控制。

6.2.3 城市山体景观风貌保护措施

> 为了贯彻“显山露水”的要求，使更多的人能够观赏到更好的城市山体美景，要加强山体景观风貌保护力度。

> 1. 加大拆违力度

> 加大对影响山体风貌的违章建筑的拆除力度，对于山体绿线范围内的不符合规划要求的建筑物、构筑物及其他设施，按照《城市绿线管理办法》的规定应当限期迁出，位于山体绿线外，阻碍山体特色视廊的违章建筑，协调有关部门拆除，尤其是留出城市道路与山体之间的绿色通道。

> 2. 建筑高度控制

> 山体周边区域建议进行建筑高度控制，最大限度留出城市观山的观赏面（图 6-20）。

> 另一方面，在保持城市地块容积率不变的前提下，进行建筑高度平衡，减弱建筑对山体视廊的遮挡（图 6-21）。

> 3. 建筑布局引导

> 尽量避免建筑围绕山体一周，建议建筑呈组团式发展，留出一部分山脚，形成优美的城市天际线（图 6-22）。

> 4. 山体周边附属绿地引导

> 山体周边居住区等的附属绿地建议往山体一侧布局，防止建筑紧贴山体建设，在土地利用最大化的基础上，保证山体风貌的完整性（图 6-23）。

6-20

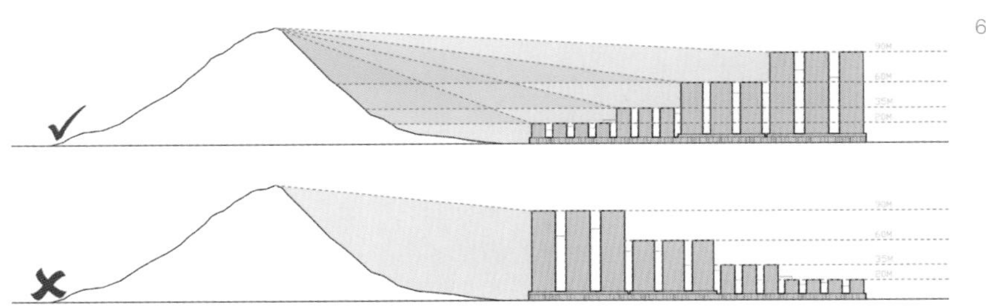

6-21

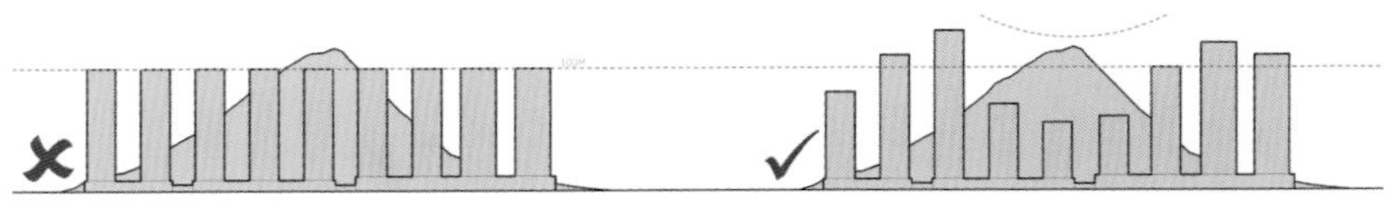

6.3 植物风貌与生态保护

> 植物是山体特色的重要景观要素，是山体景观风貌的主要展示面，是城市视角最主要的观赏内容，山的植物风貌也影响了城市的风貌，因此首先应对山体植物风貌进行研究。而山体生态是其存在之根本，继而提出山体生态保护要求，济南山体在城市中具有举足轻重的作用，山城相融，需统筹考虑山体相关生态建设。

6.3.1 山体植物风貌研究

> 山体植物风貌规划需统筹考虑山体植物风貌特色、植物群落与生物多样性、植被的保护与修复及山体乡土树种的选择。

> 1. 山体植物特色风貌营造

> 老舍对济南的四季尤为钟爱，写过一系列散文，如《济南的秋天》、《济南的冬天》、《济南的春天》、《春风》等。在这些散文中，老舍不惜用大量篇幅和诗一般的语言描写济南的山，而对山体的描述主要是从植被季相色彩方面来描述的。山体公园建设要通过植物营造具有浓郁济南特色的四季鲜明的城市山体景观，再现老舍笔下的诗意济南。

> 春季繁花似锦景观特色营造：通过开花乔、灌、草植物组合，营造繁花似锦的植物景观特色，体现春季山体特色风貌。

> 夏季绿树成荫景观特色营造：夏季植物的绿色有很多种，有墨绿、淡绿、黄绿等，通过不同的绿色树种搭配，营造丰富的夏季山体植物景观。

> 秋季彩叶植物景观特色营造：通过彩叶植物的应用，营造彩叶植物景观特色。每个辖区至少规划一座以彩叶植物为特色的山体。

> 冬季苍松劲柏古梅景观特色营造：冬天济南山体以苍松劲柏为特

6-22

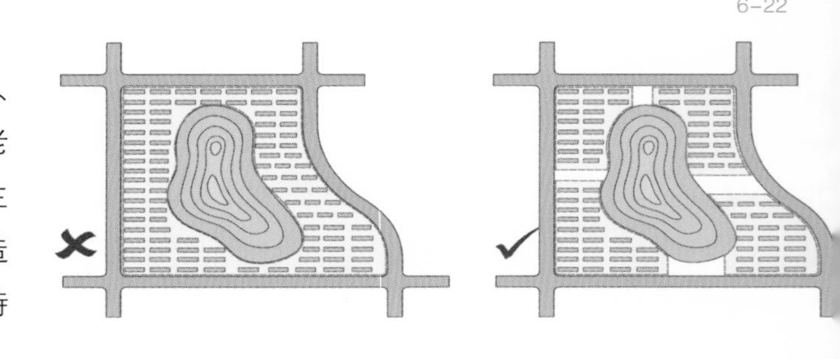

6-23

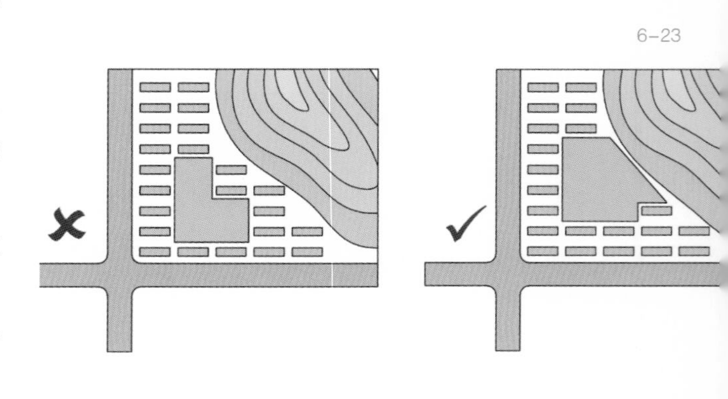

色，另外可重点在全市范围内选择一座山体以梅花为主题，营造踏雪寻梅意境，形成济南山体景观的一个新亮点。

> 2. 植物群落与生物多样性

> 植物生态规划要在研究和借鉴济南山体原生植物群落结构的基础上，通过对现状山体植物群落的调整，改变树种单一、观赏性差的现状，形成以乔、灌、藤、花草有机结合的复层绿化景观，减少养护管理成本，形成一定的本土特色。

> 3. 植被的保护与修复

> 山体植被现状比较良好的，以保护为主；山体植被现状比较单一的，要完善植被群落，合理规划，营造季相特色；对于破损山体，利用生物和工程技术，近期进行生态和景观恢复。

> 4. 山体乡土树种选择

> 山体公园建设应以乡土树种为主，按照树种季相观赏特色，将济南常用的山体乡土树种总结如下表（表 6-1）：

适宜济南山体的常用乡土树种（节选）　　表 6-1

类别	树种
常绿乔木	黑松、侧柏
常绿灌木	火棘、胶东卫矛、小叶扶芳藤
观花乔木	流苏、杜梨、刺槐、苦楝、樱花
观花灌木	山楂、文冠果、山杏、山桃、蜡梅、连翘、绣线菊、金银花、锦鸡儿、黄荆
秋季彩叶乔木	白蜡、黄栌、红栌、元宝枫、黄连木、栾树、火炬树、银杏
秋季彩叶灌木	紫叶李、紫叶桃、黄金槐、红瑞木、山茱萸
观果乔木	盐肤木、核桃、板栗
观果灌木	卫矛、平枝栒子、枸杞
普通落叶乔木	臭椿、国槐、构树、君迁子、麻栎

6.3.2　山体生态保护要求

> 山体是城市不可再生的自然环境资源，需要从整体系统出发，科学规划、政策引导、合理开发和永续利用。山体生态保护要坚持保护优先、山水和谐、生态安全、生态连通的原则，保护好山体的生态环境，使山体更好地发挥自身的生态效益。

> 1. 保护优先

> 生态保育、生态恢复与生态建设并重，严格控制山体开发规模和强度。保护和维护好山体原有的自然资源、物种多样性以及山体林地生态系统结构和功能的完整性。

> 2. 山水和谐

> 从城市空间布局、自然资源保护和环境承载能力提高方面，尤其要突出市域山水环境自然特色，因地制宜，将城市人居环境建设融于山水之间。

> 3. 生态安全

> 加强自然山体保护和生态功能培育，强化自然生态的稳定性和延续性肌理，有效遏制侵蚀自然山体，确保山体自然生态格局。

> 4. 生态连通

> 保证山体与山体、山体与周边生态环境的连通性，尽量减少城镇建筑、道路等人为因素阻隔山体及周边水体、湿地、绿地等。

6.3.3 山体相关生态建设

> 在保护山体生态环境的基础上，山体的生态规划要结合“生态廊道建设”、“海绵城市建设”等统筹考虑。

> 1. 生态廊道建设

> （1）山体相关生态廊道建设

> 绿色生态廊道是一个城市或区域良好生态环境的基本框架，是城市重要的绿色通风廊道和生物多样性通道。

> 梳理有条件的山体结合城市带状绿地，规划建设连续的生态廊道网络体系，使南部山区的良好自然生态条件通过生态廊道与城市更好地融合（图 6–24）。

> （2）山体相关绿道建设

> 规划在济南市绿道网规划的基础上，结合城市生态廊道建设，细化完善城市、郊野山体绿道网体系。一是规划完善山体本身的绿道网，包括山体慢行绿道和山体步行绿道；二是规划串连山体与周边、山体与山体的绿道，形成连续的绿道网体系，增强山体公园、山林自然保护区的可参与性（图 6–25）。

> 其中重点规划了 10 条串联山体与山体之间的绿道（表 6–2、图 6–26）。

> 2. 海绵城市建设

> 海绵城市是指城市能够像海绵一样，在适应环境变化和应对自然灾害等方面具有良好的“弹性”，下雨时吸水、蓄水、渗水、净水，需要时将蓄存的水 “释放”并加以利用（图 6–27）。

> 海绵城市建设为济南山体生态规划提出了更高的要求，也提供了良好的契机。

> 对于济南市来说，山体是海绵城市建设最主要的部分，应当保护山体原有生态环境，对局部生态不良山体进行生态恢复和修复，全面贯彻低影响开发理念，充分发挥其对雨水积存、渗透和净化的作用，促进济南海绵城市建设。

6–24

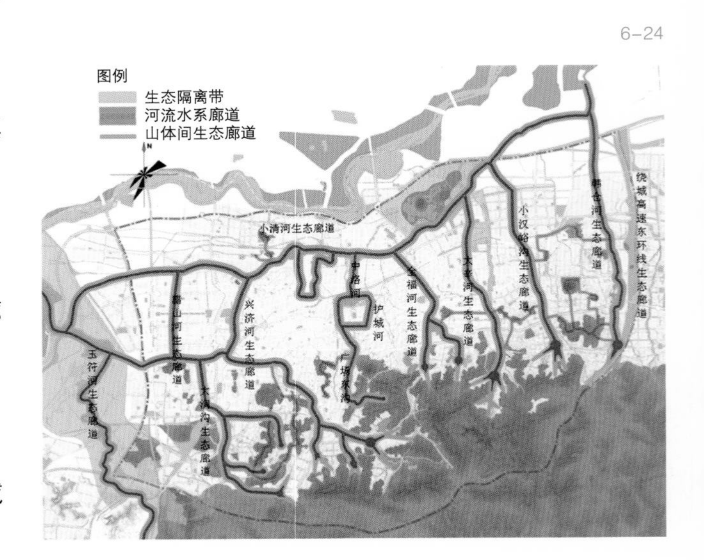

6–25

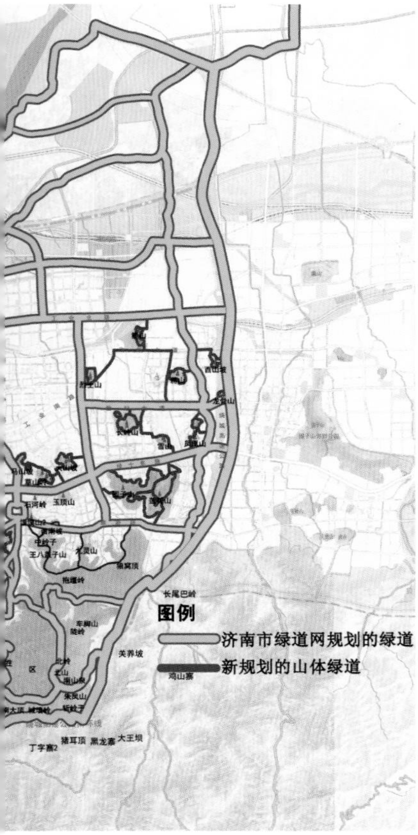

图 6-24　济南市生态廊道网络体系规划总图
图 6-25　绿道网络体系规划图

典型山体绿道　　表 6-2

编号	游线组成
1	千佛山—佛惠山—龙洞—兴隆山
2	四里山—五里山—六里山—七里山
3	郎茂山—万灵山—双顶山—马武寨
4	药山—北马鞍山—匡山
5	腊山—鹅头山—克朗山—米山坡
6	转山—洪山—鳌角山
7	大山坡—草山岭—马山坡
8	长岭山—雪山—凤凰山
9	蓐山—鲍山—烈士山
10	西南坡—中岭子山—王八盖子山—拖缰岭—九灵山—狼窝顶

> 根据山体地形和汇水分区特点，因地制宜地合理规划雨水滞留和调蓄空间。

6.4　山体文化研究

> 济南是国家级历史文化名城，是中华文明的重要发祥地之一。山体尤其在历史典故、民俗文化、宗教文化等方面丰富了灿烂的历史文化。与山有关的文化是济南地域文化的重要组成部分。

> 山体规划需要挖掘和发扬传统文化内涵，在充分尊重文化传统的前提下，及时吸纳凝练当代精神新元素，实现历史传统与现实观照的完美统一。不断挖掘丰富山体文化内涵，塑造山体特色，使山体成为济南继承发展传统文化的重要载体，丰富济南城市文化内涵。

6.4.1　济南山体文化梳理

> 济南八景和济南十六景之首均为济南山体文化，分别是锦屏春晓和锦屏耀日。八景之中山体文化独占其四，分别为锦屏春晓、佛山赏菊、鹊华烟雨、白云雪霁。济南十六景中有七景是济南山体文化，分别为锦屏耀日、幽涧黄花、白云霁雪、石洞绝尘、孤嶂凌霄、翠屏丹皂、鲍山白雪。

银高速公路
国道308
N
国道309
0 1 3 5(km)
济聊高速公路
二环北路
药山
北马鞍山
金牛山
标山
匡山
北园路
青岛路
烟台路
玉清湖水库
大经十路
经十西路
丁字山
白马山
刘长山
无名山1
克郎山
青龙山
玉皇山
卧牛山2
郎茂山
包家山
大青山
皇上岭
马武寨
殷家林山
丘山
凤凰山
无名山
双山顶
老虎洞
三王寨
北大沙河
大学路
元白山
长更山
胡家山
围子山1
双山尖
国道220
卧虎山水库

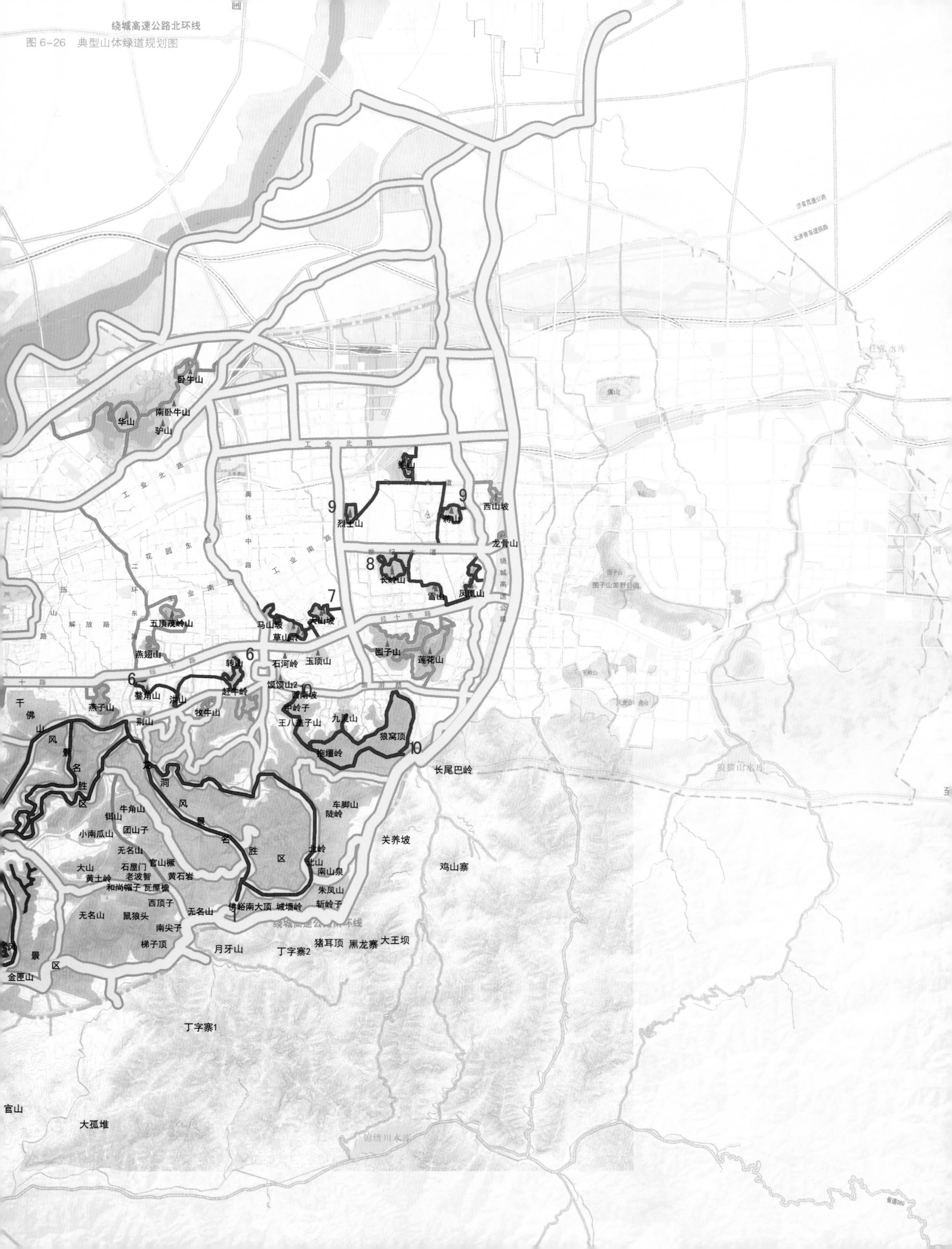

图 6-26　典型山体绿道规划图

6-27

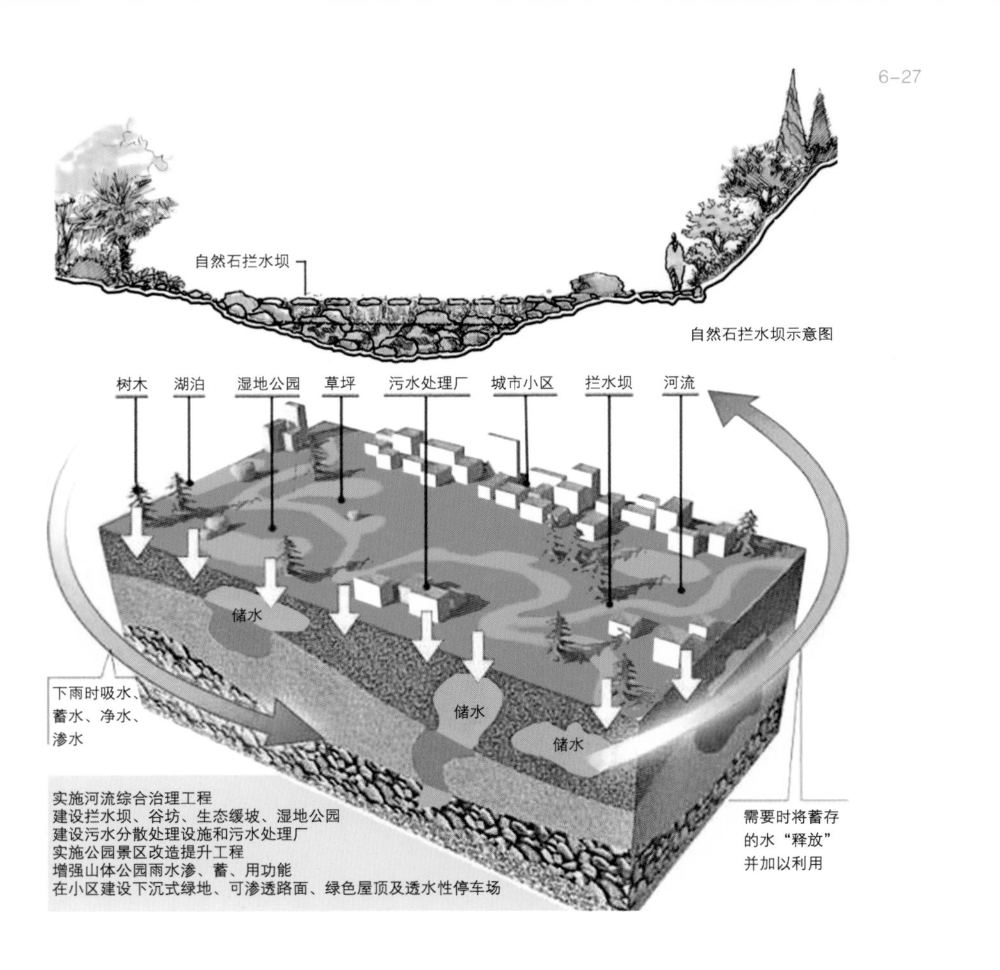
自然石拦水坝
自然石拦水坝示意图
树木
湖泊
湿地公园
草坪
污水处理厂
城市小区
拦水坝
河流
储水
储水
储水
下雨时吸水、蓄水、净水、渗水
实施河流综合治理工程
建设拦水坝、谷坊、生态缓坡、湿地公园
建设污水分散处理设施和污水处理厂
实施公园景区改造提升工程
增强山体公园雨水渗、蓄、用功能
在小区建设下沉式绿地、可渗透路面、绿色屋顶及透水性停车场
需要时将蓄存的水“释放”并加以利用

6-28

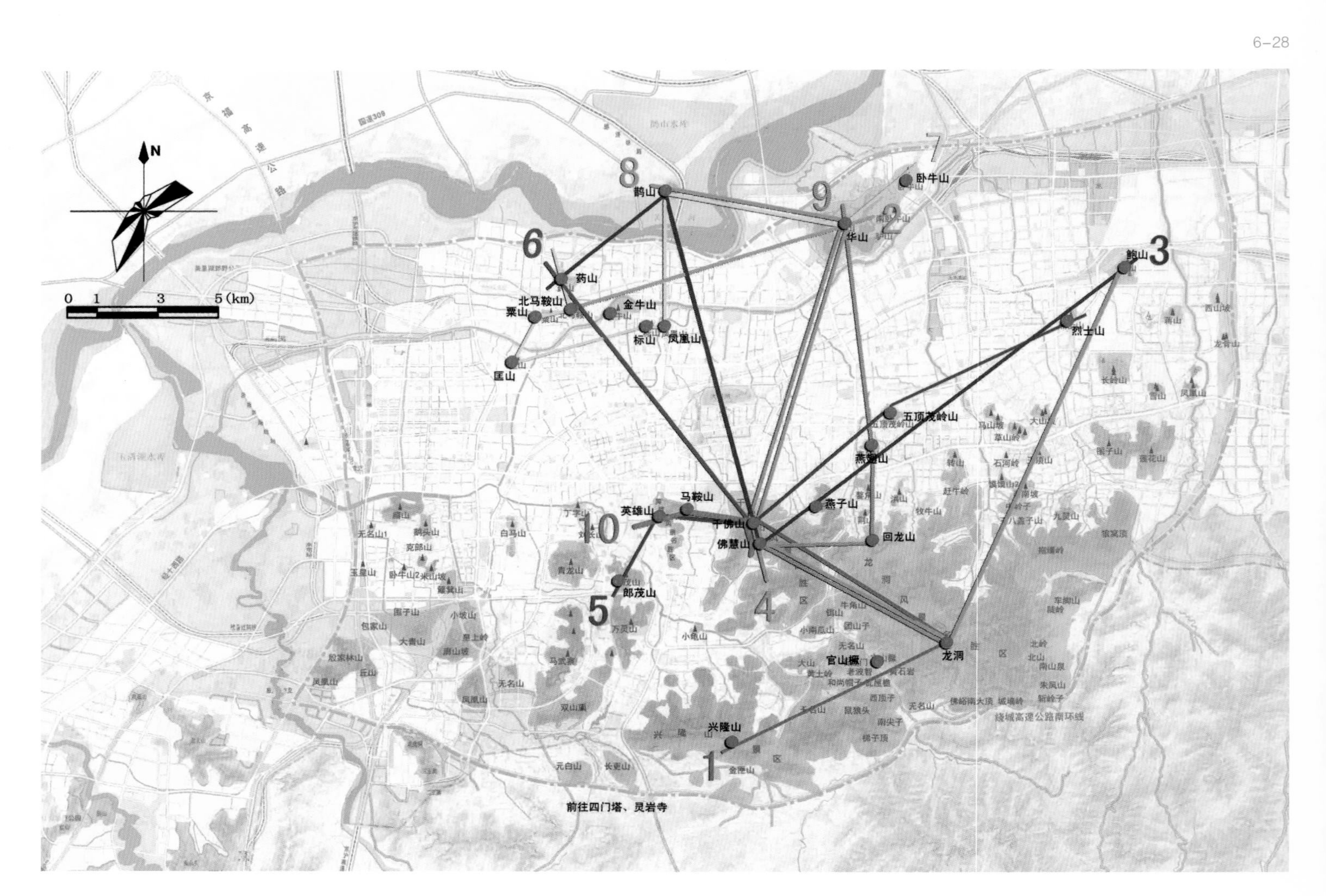
N
0 1 3 5 (km)
1
2
3
4
5
6
7
8
9
10
鹊山
卧牛山
华山
鲍山
药山
北马鞍山
粟山
金牛山
标山
凤凰山
匡山
烈士山
五顶茂岭山
燕翅山
燕子山
马鞍山
英雄山
千佛山
佛慧山
回龙山
郎茂山
龙洞
官山
兴隆山
前往四门塔、灵岩寺

> 济南历史悠久，历史典故更是不胜枚举，如舜耕历山；大禹治水捉孽龙于龙洞；扁鹊采药于药山；春秋时期四大战役之一的鞌之战，在北马鞍山、华山一带。

> 与山有关的一些民俗文化丰富了济南民俗文化内涵，如济南历史上有两大著名山会——千佛山九月九庙会、药山三月三庙会。

> 济南诞生了许多中国历史上的著名人物，像扁鹊、邹衍、房玄龄、秦琼、李清照、辛弃疾等。另外，李白、杜甫、苏轼、曾巩等历代杰出的作家学者，都先后在济南生活游历，故有“济南名士多”的佳誉。相关名人、文献、书画作品对济南山体的描述众多。如唐李白赞华山为“兹山何峻秀，绿翠如芙蓉”。赵孟頫于 1295 年作《鹊华秋色》图。元代于钦的诗《历山》：“济南山水天下无，晴云晓日开画图。群山尾岱走东海，鹊华落星青照湖。”意大利旅行家马可・波罗称赞济南：“园林美丽，堪悦心目，山色湖光，应接不暇……”清人王士祯更是对济南的风光吟诵：“山郡逢春又作晴，波塘分出几泉清。郭边万户皆临水，雪后千峰半入城。”清人刘凤诰的描绘：“四面荷花三面柳，一城山色半城湖。”老舍说“上帝把夏天的艺术赐给瑞士，把春天的赐给西湖，秋和冬的全赐给了济南”、“济南的秋天在山上”……

6.4.2　山体文化主题脉络线规划

> 规划挖掘梳理十条有代表性的山体文化主题脉络线，促进济南旅游业发展（图 6-28）。

6.4.3　山体文化挖掘及塑造

> 深入挖掘山体历史文化资源，采取措施进行保护、再现、提升，推动济南地域特色文化建设，如药山庙会、兴隆山灵官庙、佛慧山开元寺的再现等。

> 1. 保护和尊重历史原貌

> 对历史文化古迹的挖掘、再现、提升，必须在经过严肃认真的历史考评、史籍印证，掌握必要的开发手段和科学技术，以及搜集、整理出了较完备的历史资料的前提下进行。在不具备上述条件时，不应盲目开发。

> 2. 与周边环境相协调

> 对历史文化古迹的挖掘、再现、提升，要注意仿古建筑与历史文化古迹的一体性与协调性，杜绝杂乱无章的建筑和人造景观；要注意人文景观与周边的自然景观相互协调，营造与之相适应的历史文化氛围。

> 济南因为有了山，才有了泉、河、湖与城，我们希望通过对山体景观风貌的打造，让“山泉湖河城”一体的济南更加生态宜居，绚丽多彩，诗意盎然，为子孙后代留下一笔宝贵的遗产。

>>

VII ⸾第7章⸾

特色专项规划：新型山景标志区规划

2015年，济南市将生态文明建设上升到城市发展的战略高度，要求做好“显山露水”文章。中共济南市委十届九次全体会议明确提出，“十三五”时期，济南生态要更加良好，要建成全国生态文明先行示范区，“山泉湖河城”的城市特色更加鲜明。在实施生态修复的过程中，济南市重视做好特色山景标志区规划和建设，通过整体的、系统的规划布局，不断地勾勒济南美丽的天际线。

7.1 整体风貌布局——“三带一轴”

> 济南山水城市整体意向是“山水泉城”。将山作为城市生态骨架、历史文化载体和风貌特色核心要素，构建城市“三带、一轴”的整体风貌格局（图7–1）。

7.1.1 三带：北部山水带、中部山城交融带、南部群山带

> 在“山水泉城”整体意向下，维护“南山、北水、中城”的生态格局，塑造“北部孤峰傍水卓立、中部山城交相辉映、南部群山连绵如黛”的特色风貌（图7–2）。

7.1.2 一轴：泉城特色风貌轴

> 泉城特色风貌轴南起千佛山，北至黄河，以千佛山、泉城特色标志区、大明湖、北湖等为重要的景观节点，是彰显城市整体格局和风貌特色的关键（图7–3）。

7.2 风景名胜区特色山景标志区

> 在城市整体风貌格局下，针对山体密集分布区域，根据山体区位及特点，充分挖掘青山资源特色，重点塑造城市特色山景标志区：保护现有千佛山、英雄山、佛慧山等山景标志区，打造五顶茂岭山、药山、彩石虎山等特色山景标志区（图7–4）。

7.2.1 大千佛山景区

> 1. 风景名胜区概况

> 济南市千佛山风景名胜区位于济南市东南部，北临滔滔黄河，南依巍巍泰山，规划面积11.12km^2，外围保护地带面积9.98km^2（不含规划面积）（图7–5）。风景名胜区内整体地形起伏较大，呈现东南高、西北低的走势，地质结构以石灰岩为主，产状复杂，风化严重。土壤偏碱性，山体覆土较薄，有岩石裸露的区域。

> 2. 风景名胜区性质及资源特色

> 千佛山风景名胜区是舜文化、佛文化、民俗文化圣地，地质地貌景观独特，自然生态环境优良，兼具风景游览、休闲健身、科普教育等功能于一体的城市风景类省级风景名胜区。

> 千佛山风景名胜区是全国独有的舜文化传承载体，是济南泉群的重要补给区和生态涵养区，具有山东最早、最具价值的摩崖造像群，以及独特的侵蚀—溶蚀石灰岩地貌景观。景区具有珍贵的历史文化价值、独特的风景审美价值和较高的科学研究价值，是不可多得的自然文化遗产。

千佛山风景名胜资源特色以自然景观为主体，辅以历史文化（舜文化）、宗教文化（特别是佛教文化）等，包含多处奇峰峭壁、深谷幽涧，众多的古代石刻造像、丰富的自然植被及较多的名泉等。

3. 风景名胜区功能分区与规划布局

根据风景名胜区的特征与分布、资源、空间结构、交通、区域社会经济等发展条件，规划确定风景名胜区“二核、三线、五区、二十四景”的主体结构形态（图 7–6、图 7–7）。

二核：即核心景区，包括千佛山景区的一级保护区与佛慧山景区、蚰蜒山景区及平顶山景区的一级保护区两部分。

三线：舜文化景观带、佛文化景观带、自然观光带。将千佛山景区、佛慧山景区两大主要景区打造成东舜西佛景观带，形成完整的文化景观脉络。结合景区内山势险峻、地貌奇特、林茂竹翠、环境幽雅的自然资源打造自然观光带。

五区：千佛山景区、佛慧山景区、平顶山景区、蚰蜒山景区、金鸡岭景区。

二十四景：规划分别在千佛山景区、佛慧山景区各建设十大景观节点，结合平顶山景区、蚰蜒山景区、金鸡岭景区中的四大景观节点形成多节点的结构形态。

（1）千佛山景区

千佛山景区是千佛山风景名胜区的核心景区之一，其海拔 285m，占地面积 169hm^2。千佛山景区的景观资源开发较早，山虽不高，却很有名，在历史上是虞舜躬耕的遗址，同时又有隋朝开皇年间所建的佛像。[1] 景区历史悠久，底蕴深厚，有神话故事、民间传说、社会习俗、传统节日等，都是不可或缺的瑰丽非物质文化遗产，尤其是每年三月三、九月九、春节等盛大节日，千佛山上的游客络绎不绝，成为济南市民及游客休闲游玩的旅游胜地，有着丰富内涵与深远影响。早在 1959 年市政府即批准成立千佛山公园，将千佛山公园作为千佛山风景名胜区的一个景区，在维护现有规划格局的基础上，延续舜文化、佛文化及丰富的民俗文化等人文景观的历史传承，同时加强景区自然景观的保护建设，使其共同构成千佛山景区与众不同的景观特征。

1）舜文化与佛文化

千佛山，即历山，清乾隆《历城县志》云：“历山在城南五里，亦名千佛山。”[2] 在千佛山风景名胜区总体规划中，根据千佛山景区文化优势及景源特色，将该景区的规划主题定位为“翠峰晓日，舜耕历山。十里丹青，佛迹禅关”。在景区现状中，现有佛教文化景点已较为完善，在此佛文化基础上，后续建设中着重打造舜文化主线，形成“舜、佛”两条文化主线，突出景区独有的景观文化特点（图 7–8、图 7–9）。

经过近几年的不断改造修建，现在的千佛山景区已初步具备东舜西佛的景观格局，如新建的舜文化之历山溯源舜耕历山（图 7–10），原有保留的舜文化之大舜石图园（图 7–11）、佛文化之兴国禅寺及万佛洞等景点（图 7–12、图 7–13），均成为千佛山景区的特色景点，为千佛山景区旅游增添了一抹亮丽的色彩。

7–1

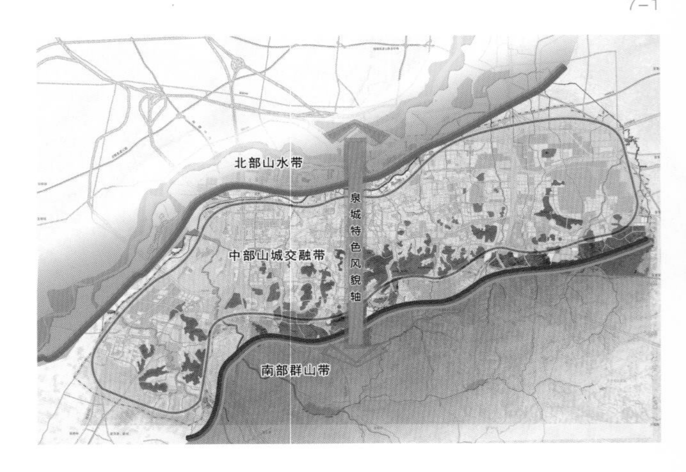

7–2

7–3

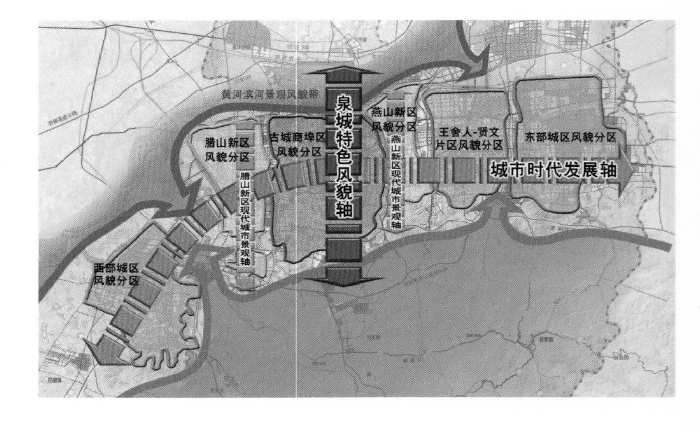

7-4

2）民俗文化

千佛山的民俗文化主要体现在千佛山庙会上，至今已有 700 多年的历史，而千佛山庙会又可分为千佛山春节庙会、“三月三”春日踏青庙会及“九月九重阳”登高赏菊庙会。[2] 每届庙会都特邀全国各地具有浓郁地方特色的艺术团体、戏曲界的名人及艺术家前来庙会献艺，进行全国地方戏曲名人名段、名曲表演以及时装展示等，至今已成为千佛山民俗文化一大特色，是济南历史文化、民俗文化传承的有效载体，已被列入山东省非物质文化遗产，是国家体育局指定的庙会（图 7-14、图 7-15）。

3）自然景观

树多林密，草绿花香，是千佛山绿化的基本特色。在千佛山绿化中，注重常绿树与落叶树的合理搭配，以及乔灌木合理的种植层次，增加植物群落，考虑植物的季相变化，丰富植被景观。目前，景区辖区内存有木本植物 95 种，成林树 40 多万株，隶属 34 科，植被覆盖率达 80% 以上，春天百花烂漫，夏天浓荫遮日，秋季层林尽染，冬天松柏吐翠，四季有景，美不胜收（图 7-16、图 7-17）。

（2）佛慧山景区

佛慧山景区是千佛山风景名胜区的核心景区之一，面积约 2.78km^2（图 7-18）。依托景区历史遗迹及自然、植物生态资源，形成了具有完善的游览路线和旅游配套设施，集“历史文化、名胜古迹、自然风光”于一体的国家级风景名胜区的核心景区。

景区内现有市级文保单位三处，并有开元寺遗址，黄石崖造像，大佛头造像，多处石刻、遗迹等，人文景观资源丰富。景区内林木葱郁，以侧柏林为主，森林覆盖率高。散布于峭壁、石灰岩缝中的原生侧柏，与山体交相辉映，形成独具特色的“巍崖悬翠柏”的景观。季相景观丰富，类型多样，春季山间连翘与山崖峭壁相映生辉，深秋时节，层林尽染，是“济南八景”之一——佛山赏菊的主要观赏区（图 7-19~ 图 7-21）。

景区内峰峦起伏、山势雄伟、涧谷萦回，拥有大小丘陵数个，地貌以侵蚀—溶蚀石灰岩为主，经多年的自然风化侵蚀，形成千姿百态的奇峰峭壁、深谷幽洞的自然景观，具有北方典型性、代表性的独特喀斯特地貌景观特征，是地下水的强渗漏区和泉水的重要补给区（图 7-22、图 7-23）。

结合佛慧山景区资源的禀赋和空间分布的特征、地形地貌、游赏环境等要素，总体形成“一线、四区、十大节点、四十八景点”的空间结构（图 7-24）。

1）一线：指探寻古迹、观光休闲游。

2）四区：开元寺游览区、黄石崖游览区、大佛头游览区、生态恢复保护区。

3）十大节点

有缘入胜：位于开元寺入口，规划开元胜境坊、经幢、石灯、石刻等景点，增强佛文

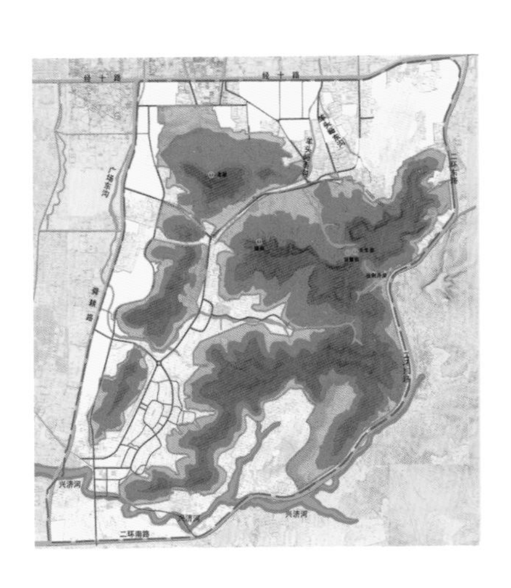

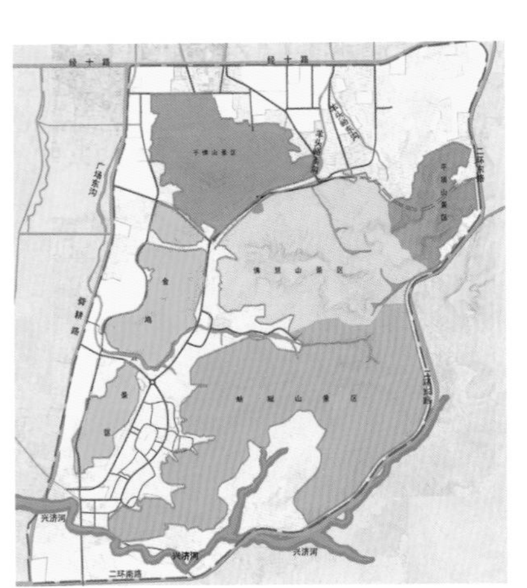

7-5

7-6

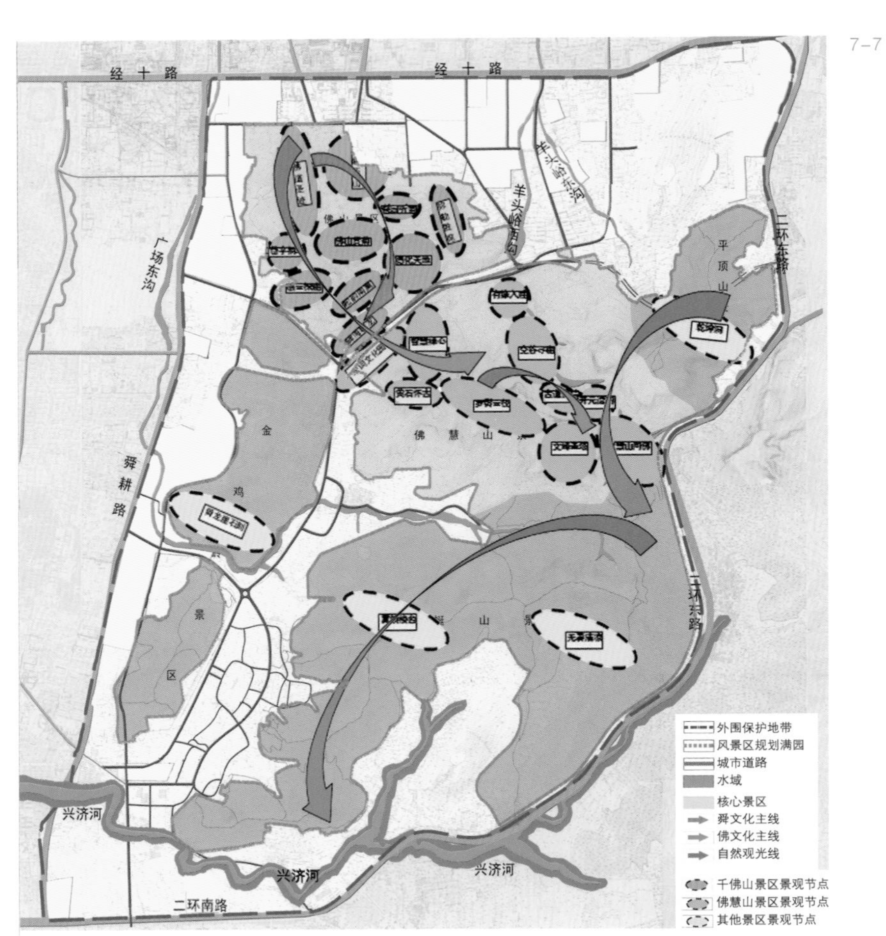
经十路
经十路
羊头峪东沟
广场东沟
二环东路
平顶山
金鸡
舜耕路
佛慧山
景区
兴济河
兴济河
兴济河
二环南路
外围保护地带
风景区规划满园
城市道路
水域
核心景区
舜文化主线
佛文化主线
自然观光线
千佛山景区景观节点
佛慧山景区景观节点
其他景区景观节点

7-7

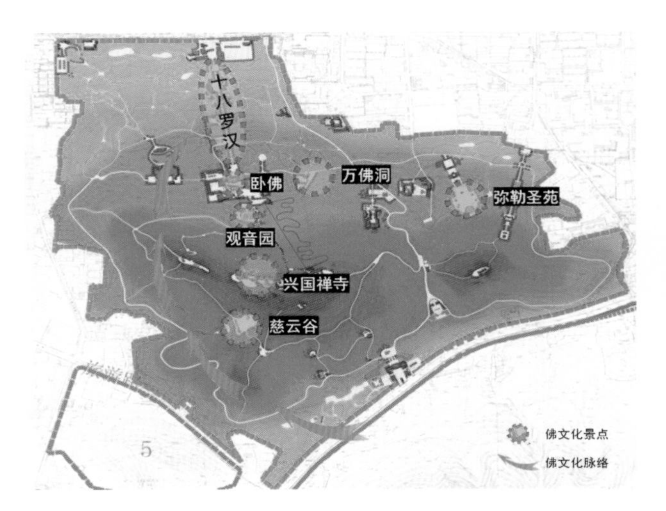
十八罗汉
卧佛
万佛洞
弥勒圣苑
观音园
兴国禅寺
慈云谷
5
佛文化景点
佛文化脉络

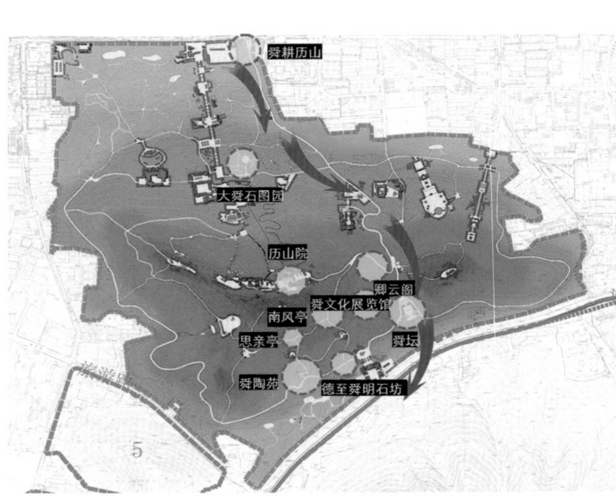
舜耕历山
大舜石图园
历山院
卿云阁
舜文化展览馆
南风亭
思亲亭
舜坛
舜陶苑
德至舜明石坊
5

7-8

7-9

图 7-5　千佛山风景名胜区规划范围及外围保护地带范围
图 7-6　千佛山风景名胜区分区规划图
图 7-7　千佛山风景名胜区景观结构规划图
图 7-8　千佛山佛文化主要景点分布图
图 7-9　千佛山舜文化主要景点分布图
图 7-10　舜文化之舜耕历山景观
图 7-11　舜文化之大舜石图园景观

7-10

7-11

禪寺

7-13

7-14

7-15

7-16

7-17

图 7-13　佛教文化之万佛洞景观
图 7-14　千佛山庙会之舞龙
图 7-15　千佛山庙会之曲艺杂谈
图 7-16　深秋的千佛山
图 7-17　雪后千佛山

7-18

经十路
佛慧山景区
兴济河
二环南路

7-19

图 7-18　佛慧山景区区位图
图 7-19　山崖上的连翘
图 7-20　佛慧山秋景
图 7-21　佛山赏菊

7-20

7-21

7-22

图 7-22　罗袁圣髻

化氛围。

空谷寻幽：位于自然山谷，植被覆盖率高，两边柏树林立，环境清幽，巨石附壁，有莹心亭、悠然自得廊、悟得斋等景点。雨季出现的季节性河流，顺山谷蜿蜒流淌，极富自然情趣（图 7-25~ 图 7-27）。

开元遗韵：位于现开元寺林点和开元寺遗址之间的区域，为佛文化脉络游线的主要节点，以开元寺遗址为主打造开元文化园，在保护文化遗迹和自然景观基础上，重点表现济南佛教名人以及和佛慧山密切关联的济南名士文化（图 7-28）。

慧山问佛：规划有大佛头造像、佛慧寺、佛慧书院等景点。在佛慧山东南坡复建佛慧寺，并建设佛慧书院，进行佛教文化活动。

佛慧禅缘：依托景区佛文化背景，以“清修于禅林，祈福于山水”为主题，打造独具特色的祈福、休闲景观节点。

文峰圣塔：以游览文笔峰、文峰塔等佛慧山佛文化、历史人文及自然风光等为主的景观节点。

文笔峰海拔高度 460.0m，是景区最高点，明代时期山顶有一圆形七级石塔，为济南的风水塔，后于 1947 年被拆除。规划在佛慧山顶复建文峰塔，展示济南相关历史内容，同时可供游人登高望远。

千米画廊：自黄石崖造像开始，经望佛亭、罗袁圣髻，至清风台，形成长约 1200m 的景观带，近可观“巨石林立、峭壁危岩的优美自然风景”，远可望城市美景，宛若镶嵌于佛慧山麓的画廊，成为济南市“城市阳台”、“千米画廊”的独特景观（图 7-29）。

黄石怀古：包括享有“齐鲁摩崖第一刻”之称的黄石崖造像景点及周边山崖石刻，具有较高的考古价值和艺术价值（图 7-30）。

智慧禅心：在休憩空间及游览路侧设置佛教故事景观小品，让游人认知、体会佛禅智慧。

舜田花海：与齐鲁碑刻文化苑相呼应，连接千佛山与佛慧山的文化脉络，以植物景观为主，融入大舜文化，形成舜文化主题体验园。

7.2.2 龙洞风景区

龙洞风景名胜区位于济南市城区东南部的丘陵山地区，规划面积为 24.33km^2。西面隔二环路与千佛山风景名胜区相邻，北侧为以奥体中心为重点的济南市东部新城区，距济南经济技术开发区和经十东路路程分别为 8km 和 6km。景区作为东部新城四大功能片区之一，规划主要功能为生态绿化、旅游休闲等。

龙洞风景名胜区以奇特的侵蚀—溶蚀石灰岩地貌，季相丰富、物种多样的植物群落为主体风貌，以宗教、史迹、历史文化为特色，兼具风景游览、休闲健身、寻幽探险、科普教育等功能的城市风景类省级风景名胜区。

1. 具有丰富的资源和独特的自然景观

龙洞风景名胜区历史人文深厚，自然生态景观独特，其风景资源特征可以总结为五大方面：

（1）植被景观——漫幽寻芳探春晓秋色

风景区内植物种类丰富，森林覆盖率 76.7%，大部分地区林分郁

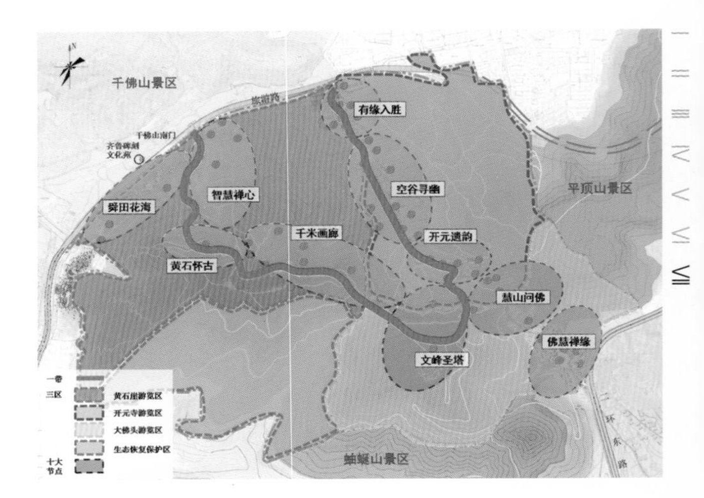

7-24

7-25

7-26

闭度在 0.7~0.8 之间，是济南地区植物资源种类保留最丰富、保护最完整的地区，有“植物王国”的美誉。有多个国家级、省级珍稀、特有植物种类，季相景观较为丰富。

> 以锦屏春晓、龙洞秋色等最为著名（图 7-31、图 7-32）。

> （2）地貌特征——攀峰探幽慨天工神秀

> 龙洞风景名胜区内山岭为泰山山脉延伸部，地貌为低山区，是独具北方特色的侵蚀—溶蚀石灰岩地貌发育区。风景区内有大小山岭几十座，最高点海拔 542.8m。受自然风化，形成千姿百态的奇峰峭壁、深谷幽涧等自然奇观（图 7-33~ 图 7-36）。

> （3）泉水景观——抛珠溅玉观飞瀑泉源

> 龙洞风景名胜区云峰高矗、峡谷纵横，造就了众多山泉喷薄而出，源源不断的泉水汇成溪流，清澈而明净，沿峡谷潺潺而下，时而悬落急泻，形成飞瀑，时而流停水止，汇成平潭。

> （4）佛教史踪——铸崖镌像参佛迹禅宗

> 风景区内佛教活动由来已久，有着气势磅礴的摩崖石刻和精美绝伦的造像群，时代特征鲜明，具有独特的佛教价值和考古价值，是佛教汉化初期的一个重要表现与产物。

7-27

7-28

7-29

图 7-27　悠然自得廊
图 7-28　开元寺遗址
图 7-29　千米画廊
图 7-30　黄石崖造像
图 7-31　锦屏春晓

7-30

7-31

7-32

图 7-32 龙洞秋色

7-33

7-35

图 7-33　地貌——报恩塔
图 7-34　地貌——三秀峰
图 7-35　龙洞美景

7-34

7-36

> （5）大禹文化——寻踪觅迹悟大禹功德

> 禹是三皇五帝时中原的领袖，是雄才大略的政治家、伟人。尧帝时，有孽龙兴风作浪，造成水患，大禹治水，前来捉拿，孽龙钻山逃遁，留下深洞，故名“禹登山”，洞名“龙洞”。大禹治理水患为百姓谋福，据《九域志》载“禹治水至其上，故云。”

> 2. 风景名胜区空间结构与总体布局

> 龙洞风景名胜区具有“一心、两带、五区”的总体空间结构，能够全面展示出龙洞风景区自然、人文景观特色，物质文化与非物质文化精髓（图 7–37）。

> 一心：即龙洞风景区的核心景区。包含了景区自然景源和人文景源最集中、最具观赏性、最需要严格保护的核心区域。

> 两带：自然山水带与历史文化带，即山川“龙脉”与人文“文脉”。本规划中，力求将山川“龙脉”与人文“文脉”完美结合，挖掘文化特性，演绎龙洞传说，为幽、奇、险、峻的风景区大力挖掘文化底蕴，强化文化氛围，提高旅游的质量。

> 五区：依据风景区内景点的分布、景源的类型及其地域特征和环境条件将整个风景区划分为五个景观片区——龙洞峪景区、佛峪景区、马蹄峪景区、狸猫山景区和转山景区。

> 规划中依据龙洞风景区内山、泉、水等景观点的分布特点，因地制宜地对其进行科学合理的景观规划。规划后龙洞风景名胜区总体布局为“四峪、八峰、七十二景”。

> 四峪：即龙洞峪、佛峪、马蹄峪、牛角峪。

> 八峰：八座独具特色的山峰——禹登山、将军帽、白云山、狸猫山、回龙山、官山橛、黑峪顶、炮楼山。

> 禹登山——龙洞风景区特色景源的集中区域。

> 将军帽——神似将军官帽，植被以针阔混交林为主。

> 白云山——山中有洞，洞外有泉，林密境幽。

> 狸猫山——山涧迂回，峭壁林立，地质景观独特。

> 回龙山——山中有回龙寺、回龙塔，历史传说较多。

> 官山橛——登山顶可观济南城区全貌。

> 黑峪顶——风景区内最高峰。

> 炮楼山——龙洞峪北侧山体，风景优美，山形突出。

> 七十二景：在风景区内规划七十二个景点。

> 具体如图 7–38 龙洞风景名胜区总体规划图所示。

> 3. 保护培育规划

> 规划从景区的景观资源等级、对人类活动敏感度、景观资源保护及其利用程度等方面，实行三级保护，并提出相应的分级保护措施。对风景区以外周边区域沿城市道路划出一定

7-37

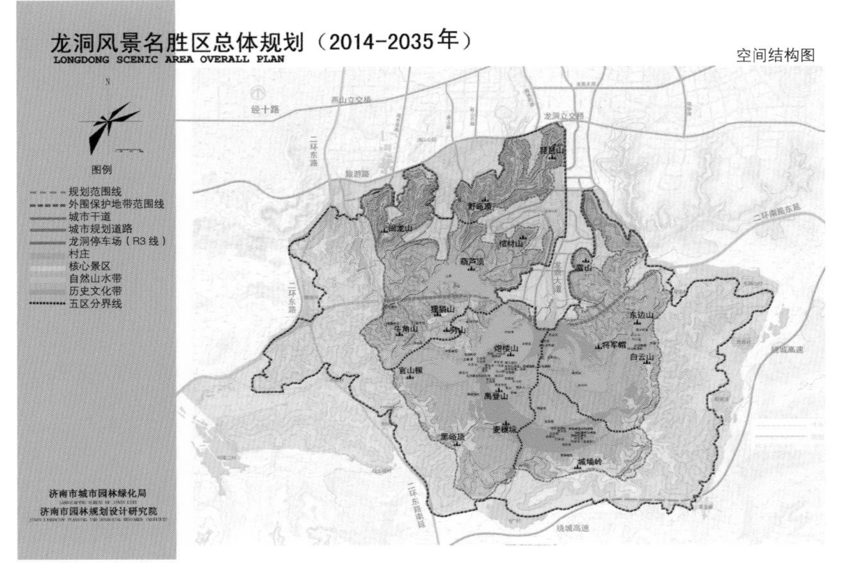

龙洞风景名胜区总体规划（2014-2035 年）
LONGDONG SCENIC AREA OVERALL PLAN
空间结构图
N
图例
规划范围线
外围保护地带范围线
城市干道
城市规划道路
龙洞停车场（R3 线）
村庄
核心景区
自然山水带
历史文化带
五区分界线
济南市城市园林绿化局
济南市园林规划设计研究院
经十路
燕山立交桥
龙洞立交桥
二环东路
旅游路
二环南路东延
绕城高速
二环东路南延
琵琶山
野岭顶
回龙山
棺材山
葫芦顶
猫山
龙洞大道
猫猫山
牛角山
穷山
佛慧山
东边山
将军帽
白云山
官山顶
黑峪顶
马登山
姜楼顶
城墙岭

7-38

龙洞风景名胜区总体规划（2014-2035 年）
LONGDONG SCENIC AREA OVERALL PLAN
规划总图
N
图例
规划范围线
外围保护地带范围线
城市干道
城市规划道路
龙洞停车场（R3 线）
景区一级道路
景区二级道路
景区三级道路
景区入口
停车场
景点
泉水
山峰
济南市城市园林绿化局
济南市园林规划设计研究院
经十路
燕山立交桥
龙洞立交桥
二环东路
开元隧道
二环南路东延
绕城高速
二环东路南延
龙洞大道

7-39

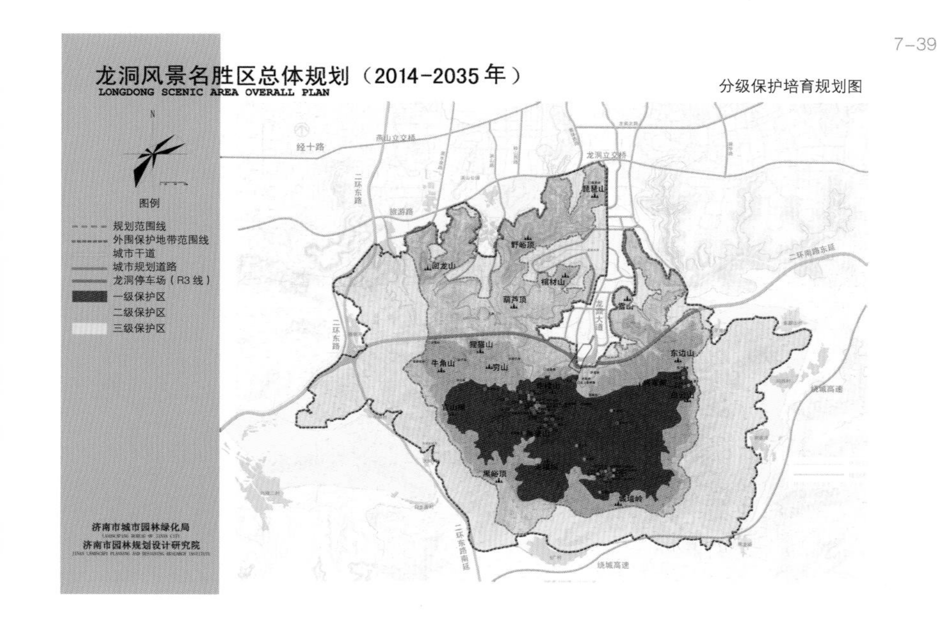

龙洞风景名胜区总体规划（2014-2035 年）
LONGDONG SCENIC AREA OVERALL PLAN
分级保护培育规划图
N
图例
规划范围线
外围保护地带范围线
城市干道
城市规划道路
龙洞停车场（R3 线）
一级保护区
二级保护区
三级保护区
济南市城市园林绿化局
济南市园林规划设计研究院
经十路
燕山立交桥
龙洞立交桥
二环东路
旅游路
二环南路东延
绕城高速
二环东路南延
琵琶山
野岭顶
回龙山
棺材山
葫芦顶
龙洞大道
猫猫山
牛角山
穷山
东边山
黑峪顶
城墙岭

范围，控制周边的用地建设，使其与风景区景观相协调，以保护景区景观的完整性（图 7-39）。

（1）一级保护区

主要保护典型地质地貌和风景资源集中的区域。包括龙洞、佛峪、马蹄峪为中心的史迹保护区及其周边具有独特景观的自然景观保护区。严禁建设与风景无关的设施，不得安排旅宿床位，机动交通工具不得进入此区。

（2）二级保护区

位于一级保护区的外围，起保护和缓冲作用的区域。包括牛角峪、白云山等区域，植被和景观资源等级仅次于一级保护区。该区可适度开展游赏活动，可安排少量旅宿床位，但必须限制与风景游赏无关的建设，应限制机动交通工具进入本区。严禁开山采石，区内任何建设必须符合规划要求，其点景、观景建筑及游览设施必须与景区风格相协调，力求保持区内景观的自然原貌。

（3）三级保护区

风景区范围内以上各级保护区之外的区域。包括回龙岭、野峪岭等规划范围北侧区域，为风景游览区以外的龙洞风景名胜区范围，含风景恢复区及发展控制区。本区是风景名胜区内主要旅游服务设施布局的区域，可在规划许可范围内建设必要的旅游服务中心，应有序控制各项建设与设施，并应与风景环境相协调。不得开山采石、埋坟建墓，对现有污染环境、有碍观瞻的建筑物、构筑物应逐步搬迁。不得开荒种地，应逐步退耕还林。区内一切建筑物形式应融于风景环境中，成为风景的有机组成，其设计方案应报上级主管部门审批。

4. 多项专项规划相结合，全面保护，特色突出

通过对龙洞风景名胜区的保护培育、风景游赏、植物景观、文物古迹建筑、地质地貌景观、游览设施、交通及基础工程等进行专项规划，做到全面保护（如图 7-40 植被景观规划图所示）。

（1）典型植物景观规划

重视对珍稀植物的科研观测。包括青檀、山东贯众等古树名木、珍稀濒危植物的分布区域，要保护其自然生长状态和生长环境，只作监测和研究使用，不修设施，不作旅游开发。

（2）保护典型植物群落

锦屏春晓、龙洞秋色、暖温带常绿针叶林等典型植物群落景观应整体加以抚育和展示。开展以锦屏春晓、龙洞秋色为主要对象的游赏项目，确定最佳观赏点。

（3）抚育人工森林植被

主要采取措施对森林进行抚育，做好防火、防虫、防灾工作。

（4）加强人工绿化建设

景区建设地区和设施分布的区域，要加强人工绿化建设，以适地适树的原则，因地制

7-40

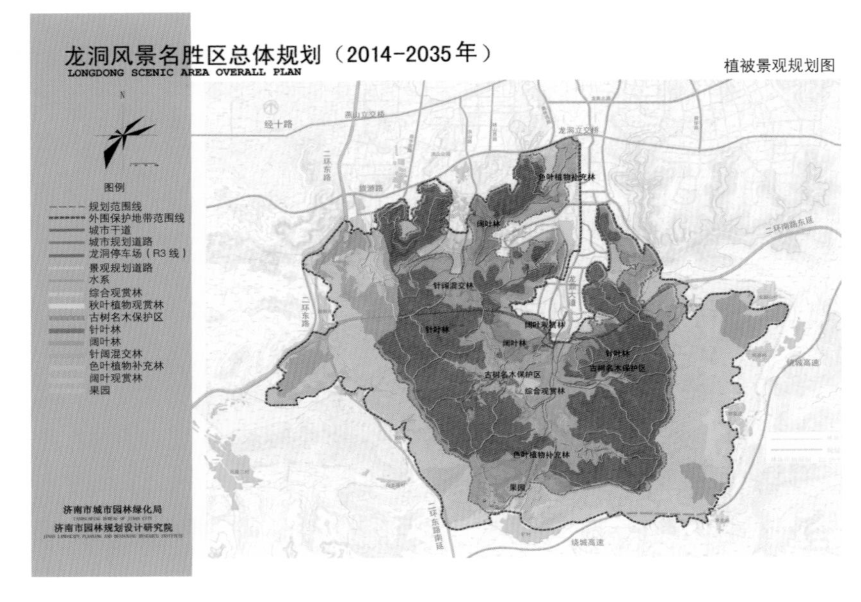

宜地提高建设区的植被覆盖率。

5. 确定资源保护管理目标

（1）资源与环境保护理想目标

1）龙洞风景名胜区自然资源、文化资源及其环境得到充分有效的保存、恢复、维持。

2）龙洞风景名胜区自然资源、文化资源及其环境的基础数据得到检测和科学研究；龙洞风景名胜区自然资源、文化资源及其环境的保护或利用的决策都建立在充分的科学研究论证和环境影响评价基础上。

（2）资源保护长期目标

充分有效地保存、保护、管理并展现龙洞文化与自然遗产的物质与空间载体，保证遗产及其周边环境的完整性与真实性。到 2035 年，95% 以上的遗产及其周边环境处于稳定状态。

充分有效地保存、管理和展现龙洞文化资源（包括文物建筑、石碑石刻及古树名木），保证龙洞历史的延续，保证子孙后代真实完整地欣赏和体验龙洞历史文化资源的权利。到 2035 年，90% 以上的文化资源得到妥善保护，或恢复，或显著改善，或保持不受干扰的状态。

保护龙洞的地形地貌（包括奇峰异石和瀑布潭池）及其美学价值。制止对龙洞地形地貌的恶性破坏。到 2035 年，90% 以上的地形地貌已遭破坏的地区，得到最大限度的恢复。

保存和保护龙洞的森林植被和野生动物资源，尤其要加强对龙洞本地物种的保护，控制和减少外来物种的引进和繁育。保存和保护龙洞的基因资源和物种组成，保证龙洞生态系统的完整性和生态进程的持续性。对生态破坏的地区，尽最大可能修复，使其最大限度地恢复到自然状况。到 2035 年，80% 以上的珍稀濒危动植物和本地物种处于科学上可接受的状态。

7-41

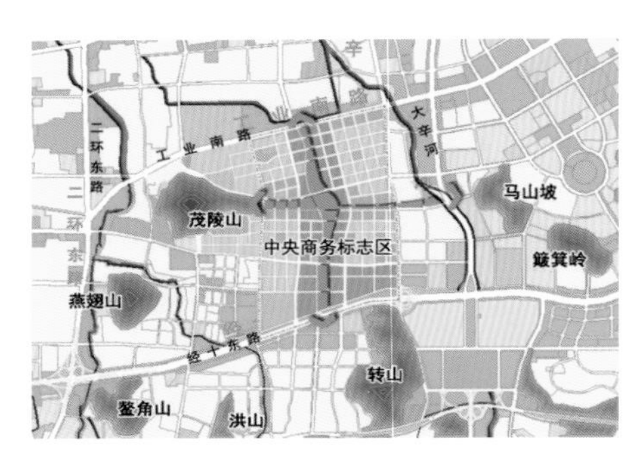

7-42

7.3　CBD 特色山景标志区——五顶茂岭山山景标志区 [32]

> 在中央商务区规划中严格遵循“显山露水”原则，创造性地打通中央公园与东侧五顶茂岭山的景观视廊，预留系统性绿化系统，优化山体周边环境，实现“引山入心”、资源整合，形成山城一体的绿色廊道（图 7-41）。

> 五顶茂岭山位于 CBD 范围内（图 7-42），是城市建设和山水自然要素高度融合的区域。标志区内遵循“显山露水”原则，打通中央公园与西部五顶茂岭山的景观绿廊，打造茂岭山观景平台，提供观赏山脊轮廓线的最佳视点。

> 为进一步提升中央商务区的景观形象，创造更加美好、和谐、高品质的景观环境，启动了中央商务区景观设计，来自美国的 SOM、SASAKI 两家国际知名设计机构参与了五顶茂岭山山体的规划方案设计。景观设计以生态绿廊串联，使 CBD 更加“显山露水”，为济南 CBD 打造面向未来的“第一印象”。其提出的两种方案如下：

> 方案一：五顶茂岭山山脚下设置生态海绵台地，稳固陡坡、舒缓径流。山顶有观景平台和凌空步道，成为与 CBD 周边文脉进行对话与观景的绝佳地点。

> 方案二：打造回忆步道，留住记忆。CBD 的建设为五顶茂岭山山体复育、遗址保护提供了良好的契机。登山步道取名为回忆步道，将串联起济南战役茂岭山战场纪念、战壕遗址、矿坑花园等一系列历史痕迹，让人们亲近自然、追忆往昔。

> 规划方案以拥抱自然、文化、未来为主题，山体公园将通过景观捕捉展示济南的城市精神，体现城市的灵魂。

7.4　重点片区山环水绕——华山历史文化湿地公园规划

> 华山，春秋载入史册，一度成为济南名山之首，齐烟九点、鹊华烟雨、孤峰奇景，风光美不胜收。华山地处济南市东北角，相隔黄河与鹊山相望，以此二山构成城市的双阙。千佛山、大明湖、北湖作为城市的轴线，与华山、鹊山构成的城市双阙相呼应，形成了济南市独特的山水空间结构（图 7-43）。济南城市南侧是泰山余脉，城市的发展必将向北延展，华山历史文化湿地公园将作为济南城市山水空间结构的北部重要节点，带动北部滨河新区的建设，塑造健康健全的滨河城市结构。同时在挖掘历史文脉的基础上，恢复这里的历史地域特色，再现悠久博大的华山历史文化。

> 华山历史文化湿地公园的选址位于济南滨河新区的华山景区，在济南东部开辟了新的绿色空间，根据上位规划绿线以内的规划总面积 565.22hm^2，其中水域面积 243hm^2。

> 华山历史文化湿地公园是以济南市滨河新区建设为契机，重现具有地域特征的历史山

7-43

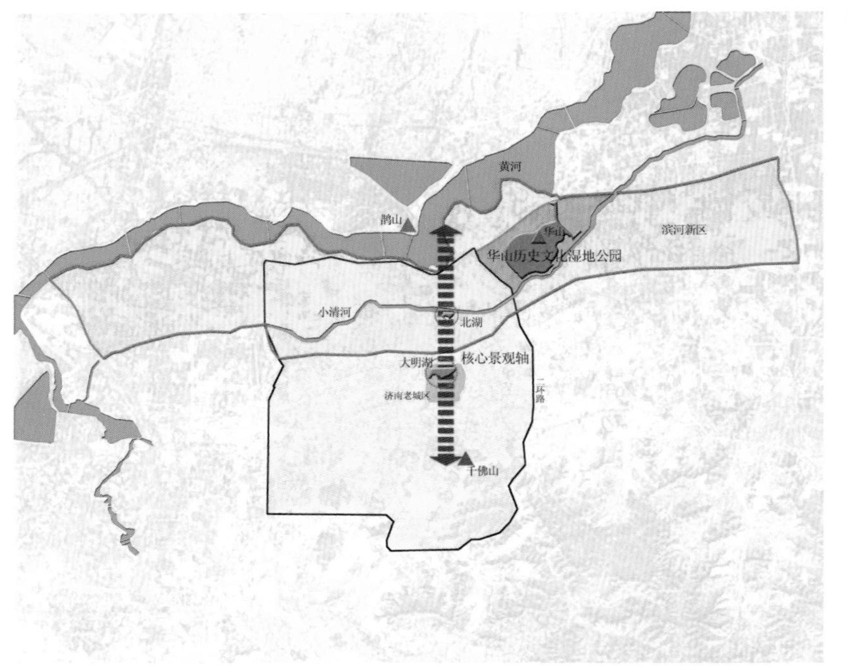
黄河
鹊山
华山
滨河新区
华山历史文化湿地公园
小清河
北湖
大明湖
核心景观轴
济南老城区
二环路
千佛山

7-44

图例
商业娱乐中心
城市广场
游船码头
电瓶车站
游客服务中心
公交车站
地铁站
餐饮一条街
创意工场
华山牌坊
观景平台
观景亭
餐饮娱乐综合
滨水广场
环湖路
综合服务楼
景观茶室
谷地花园
演绎剧场
花草地
南卧牛社区公园
景观亭廊
芦苇滩涂
湿地滩涂
阳光沙滩
欢乐泳池
丘岛
滨水散步道
科教中心
水村渔舍
赵孟頫纪念馆
荷花庄
影浸阁
鹊华街
华阳宫码头
华阳宫
华阳书院
华泉
寻诗径
弥陀寺
齐鲁楼
郑家村遗址花园
志雅堂
祥云亭
放生池
吕祖祠
华山
奇石传说
雁下云天
鹭鸶飞鱼
湖光摇碧
驴山
滨水商业街
卧牛村舍
齐晋“鞍之战”广场
周密纪念广场
水门
公共厕所
停车场
北卧牛山
室外咖啡厅
过街天桥
0
250
500
1000m

水地貌，并以此为依托建设以湿地景观为特色的历史文化湿地公园，带动区域旅游产业发展，构建城市与自然相互融合、和谐相处的滨河新区生态格局。

7.4.1　规划优势

> 华山风景区作为省级地质公园，拥有丰厚的历史文化底蕴和独特的地域特色；济南滨河新区的发展对华山历史文化公园的建设有辐射促进作用；未来周边便捷的交通网络增强了华山公园的可达性；场地周边水系发达，地势低洼，为恢复古代华山湖的景致提供了良好的资源条件。

> 以此在济南东部开辟新的绿地空间，同时还作为济南最大的市政公园（图 7-44），它将在未来发展中成为济南市一张新的城市名片。

7.4.2　规划定位

> 华山历史文化湿地公园定位为自然山水格局的再现、地域历史文脉的传承。以滨河新区建设为契机，重现具有地域特征的历史山水地貌，并以此为依托建设以湿地景观为特色的历史文化湿地公园，带动区域旅游产业发展，构建城市与自然相互融合、和谐相处的滨河新区生态格局。更进一步通过挖掘和展示华山历史文化，彰显地域特色，再现历史上的华山胜景，形成济南独特的城市山水系统。

> 从片区规划来看，在区域空间结构上道路、高速路、水系形成城市主轴线、城市廊道、生态廊道，这些轴线相互交错（图 7-45），将城市老城区和新城有机联系在一起，华山历史文化湿地公园作为一个新的中心延续了城市发展脉络，加强了新老城市联系，同时又创造了一个宜居的滨水环境。

7.4.3　未来规划

> 1. 总体规划

> 华山片区的空间结构是以“一心”、“一环”、“六核”、“八楔”、“多片区”为重点的空间结构（图 4-46）。

> 一心：以华山历史文化湿地公园为绿心。

> 一环：联结地铁站点设置一条串联地块内部各片区的交通环线。

> 六核：以地铁站点为依托，形成六个不同功能导向的中心。

> 八楔：城市生态绿楔廊道。

> 多片区：由城市绿楔分割的多片以居住为主导的生活社区。

> 公园包括：山林文娱区、华山湿地区、城市水岸、绿色滨水休闲带四大分区（图 4-47）。

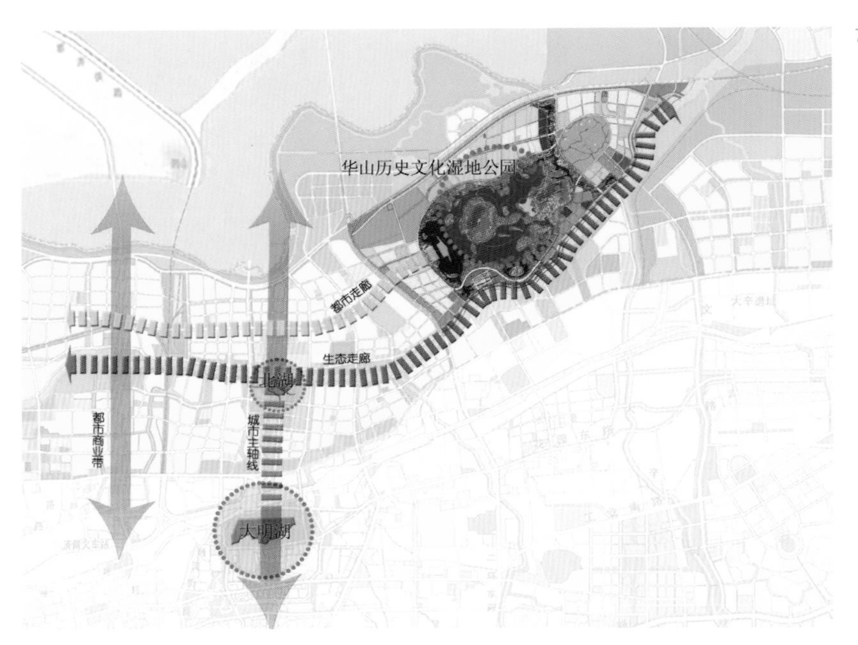

7-45

1）山林文娱区包括华山景区和南卧牛山山林文娱区

华山景区以保留华山遗迹为主，修葺现有建筑和登山道，保留原有的华阳宫及吕祖庙，并加建齐鲁楼、华阳宫书院，重修弥陀寺，突出华山景观中心的特点。在对整个园区进行水面再造之后，华山景区再现了水中仙山的印象，舒缓的水岸边界处理更使得山水之间的过渡更加自然，东侧长堤连接南卧牛山和华山，衔接华山环山路和登山道，规划设计游船码头，沟通水陆交通。

南卧牛山山林文娱区以卧牛山现状为基础，以山体修复为工程技术手段，在山体原址上塑造景观地形，既体现了对场地历史的尊重，又在竖向上丰富了场地内部空间变化，同时在地势较低的位置开辟水体，形成山水相结合的地貌景观。在山水骨架的基础上，场地内部设置和安排谷地花园、阳光沙滩、演艺剧场、餐饮娱乐等项目和设施，丰富游人活动体验，同时规划设计综合服务楼、景观茶室等公共设施，满足游人游憩需求。

2）华山湿地区包括湿地体验区和湿地科教区

湿地体验区内设计了一定面积的潜流湿地和表流湿地相结合的水质净化体系，将从水质净化厂引来的水通过湿地的净化处理，满足华山湖的水质要求。同时结合规划设计安排介绍、展示与湿地相关的科普知识。规划设计不同的步行道路和水上游览航道，增强游览的趣味性，净化小清河水、城市用水，收集利用城市用水。

湿地科教区位于华山历史文化公园北侧，结合场地北侧规划的中小学、高校预留用地，规划设计以生态湿地教育与体验活动为主。通过规划设计科教中心、湿地滩涂、芦苇滩涂等，为中小学生提供展示、学习、实践的场所，形成学校的第二自然课堂；同时布置滨水步道、观景亭廊等服务设施，满足游人和市民的生态体验需求。

3）活力水岸区

城市水岸西侧为未来城市商业用地，规划设计城市广场和齐晋“鞍

7-46

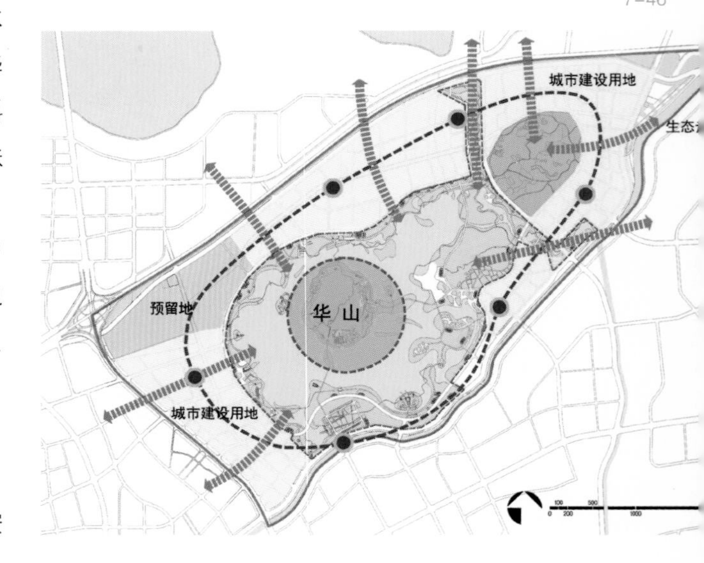

之战”广场，方便居民举行各类活动；同时规划设计少量餐饮娱乐综合建筑，方便了周围居民与游人的生活。另外，也将商业建筑融入自然景观当中，吸引更多人群，增添水岸活力。

> 4）绿色滨水休闲区

> 绿色滨水休闲区分布于主湖面东北处，是城市与湖面之间的过渡地带。在整条绿色滨水休闲带上，湖面水景成为主要观赏界面，设置滨水散步道，同时设置入口广场及游船码头，满足游人的亲水需要。

> 2. 文化规划

> 文化景观的选择要在华山历史文化符号中具有典型代表意义；文化景观的建设要有助于提升城市文化品质，唤起人们的地域记忆；文化景观的建设要有利于促进区域旅游产业提升，改善当地居民生活水平。对此，采取从原址保护、原址重建、择址重建三方面进行文化景观规划。

> 原址保护：对华山风景区内具有明确空间形态和位置的地上遗存进行保留和修缮，如华阳宫、吕祖阁、祥云亭、华泉、奇石传说、华不注石刻等，并将其纳入整体的文化游览线路中，是文化景观的核心部分（图 7-48）。

> 原址重建：包括建筑景观及自然景观两类。对历史资料及文学作品记载的华山历史上曾经存在过的重要的建筑和自然景观进行梳理和筛选（图 7-49）。

> 择址重建：对无确定空间位置及形态的抽象历史文化符号进行挖掘和整合，并在场地中选择合适位置进行展示（图 7-50）。

> 3. 植物规划

> 结合华山历史文化湿地公园的规划设计方案，细化植物群落结构和植物种类选择，在场地的不同区域形成群落结构稳定、景观风貌各具特色、季相色彩富于变化、具有可持续生态效益的植物景观风貌。

> 在华山湿地区，配置芦苇等典型水生植物，恢复和建设稳定的湿地植物群落，最大限度地营造湿地风光。

> 在活力水岸区，种植分枝点高的大乔木作为行道树、庭院树，中下层以乡土花灌木形成层次丰富的植物群落，营造适宜户外活动的场地。

> 在华山、南卧牛山等区域，结合原有地被种植花灌木，结合修复古建筑和文化历史典故，选择乡土植物，体现古典园林特色。南卧牛山由于山体缺失，适当回填，通过植被修复山体。

> 华山湿地公园南北紧邻城市快速干道，通过植物配置营造自然茂密的树林景观，阻挡外界噪音，营造安静舒适的林下活动空间。

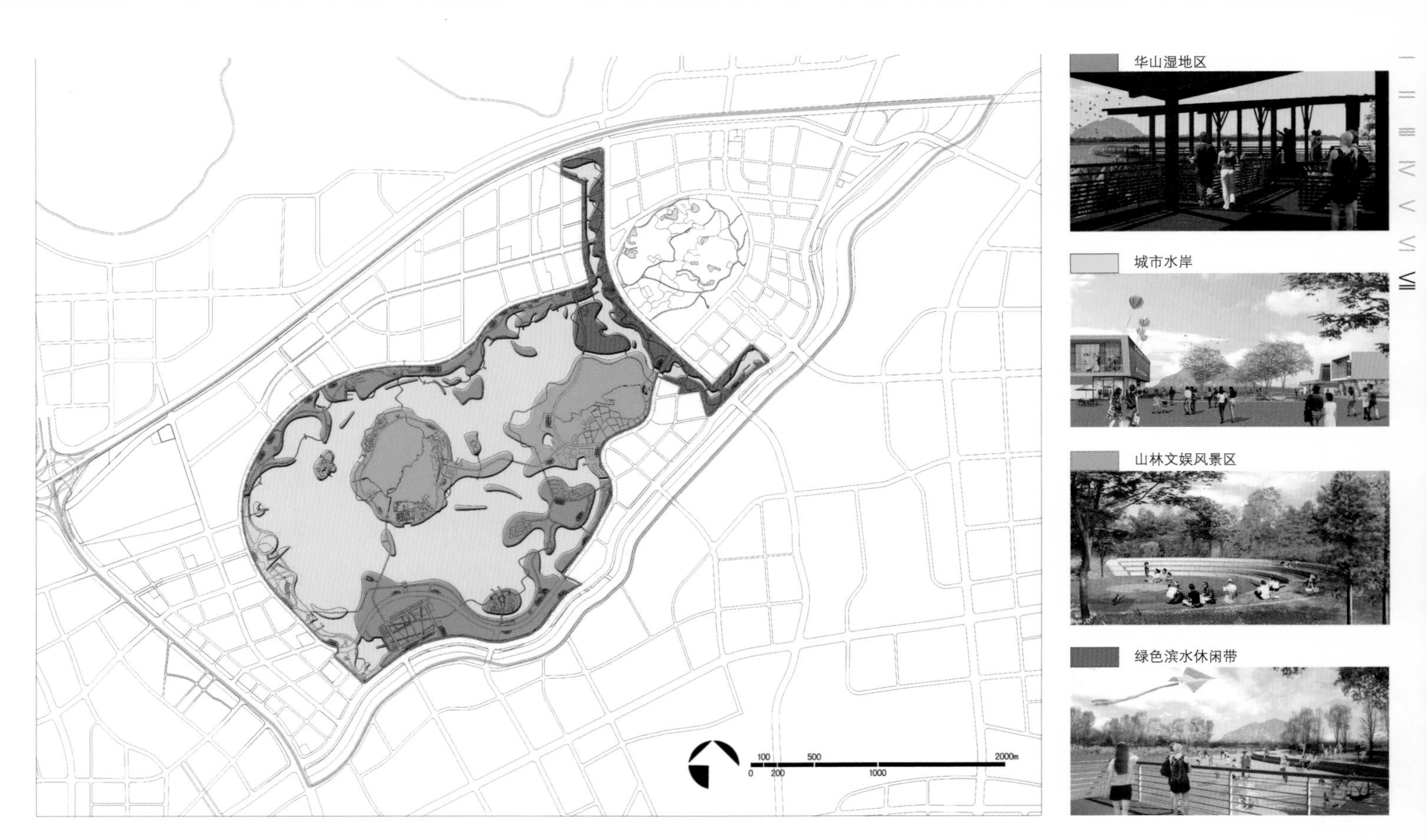
华山湿地区
城市水岸
山林文娱风景区
绿色滨水休闲带
100
500
2000m
0
200
1000

蛇石
壁画
华泉
祥云亭
华阳宫
华山
华不注石刻
吕祖祠

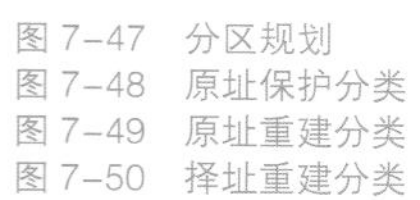

图 7-47 分区规划
图 7-48 原址保护分类
图 7-49 原址重建分类
图 7-50 择址重建分类

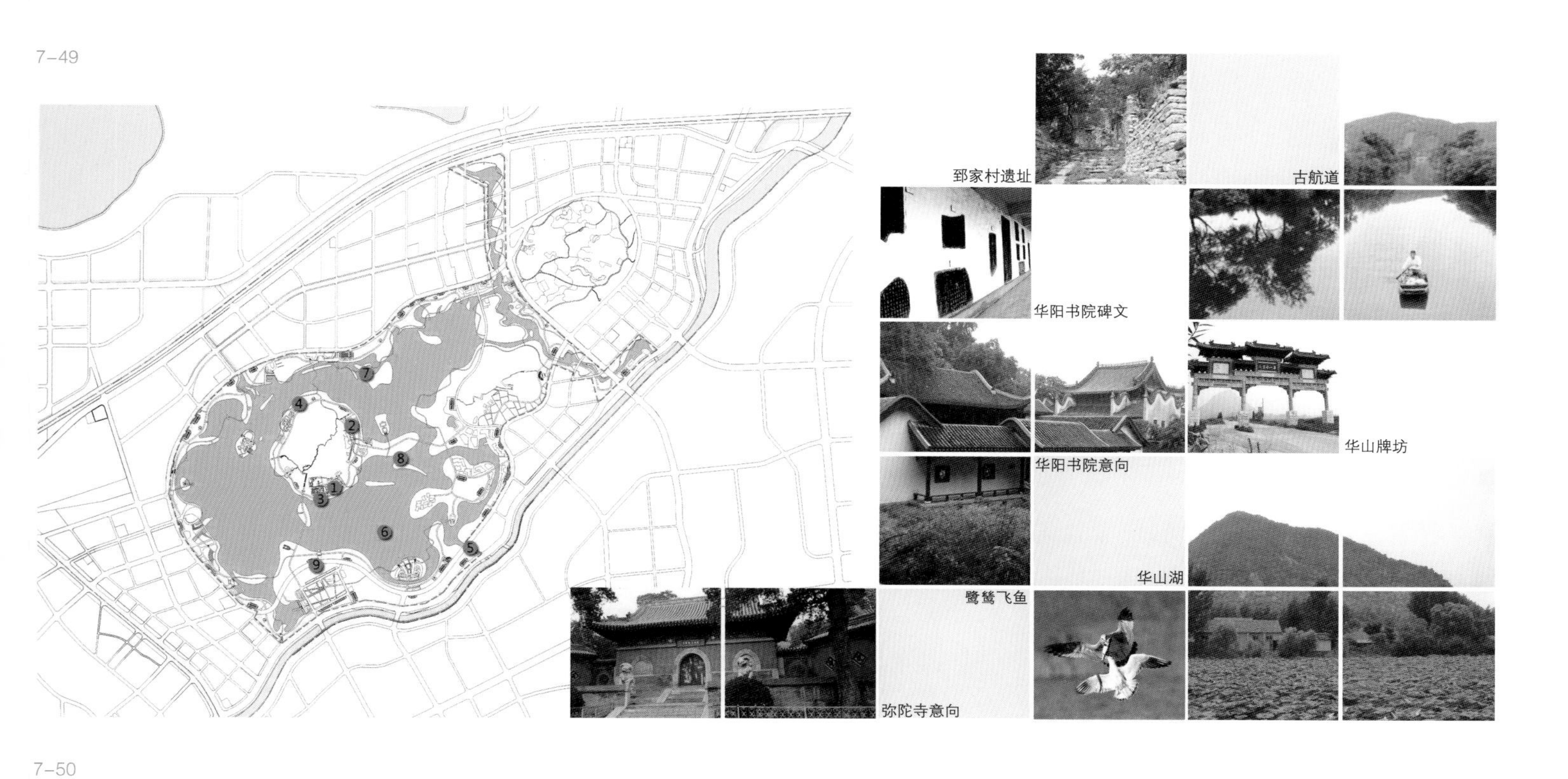

7-50

水村渔舍
荷塘飞踏
楼台影浸
《鹊华秋色图》
赵孟頫纪念馆
寻诗径意向
齐晋“鞍之战”

附录

APPENDIX

A

济南市人民政府办公厅关于加快推进城区山体绿化工作的意见

发文单位：济南市人民政府办公厅

文　　号：济政办发〔2014〕9 号

发布日期：2014-5-8

执行日期：2014-5-8

各区人民政府，市政府有关部门：

为加快推进城区山体绿化工作，建设美丽泉城，现提出如下意见。

一、指导思想

深入贯彻落实党的十八大精神，以生态文明建设为引领，以改善市民生活环境、提升城市品位形象为目标，坚持政府主导，社会参与，统筹安排，分步实施，高起点规划，高标准建设，高质量推进城区山体绿化和山体公园建设，努力实现城区山体绿化全覆盖，加快建设山水融合、林城一体、生态良好的美丽泉城。

二、任务目标

（一）总体目标。到 2020 年，济南绕城高速公路以内和长清大学科技园范围内 126 座山体绿化全面达标。其中，济南林场范围内 29 座，历下区、市中区、槐荫区、天桥区、历城区和济南高新区 86 座，长清大学科技园 11 座。

（二）阶段目标。2014～2016 年，主要对上述交通要道两侧、城郊结合部的 70 座山体进行绿化，其中山体绿化提升 45 座，建设山体公园 25 处。

（三）年度任务。2014 年完成山体绿化 29 座，其中绿化提升 17 座，绿化面积 6049 亩；建设山体公园 12 处，绿化面积 6277 亩。各区（含济南高新区，下同）各建成一处山体公园，市国土资源局、林业局和城市园林局分别建成一处绿化示范山体。

三、工作要求

（一）科学规划，整体推进。各区政府、市政府有关部门要科学制定城区山体绿化规划，做到与城市总体规划、重点项目建设规划相融合；单项规划设计要结合山体区位特点，遵循自然规律，做到因地制宜、统筹考虑。规划年限分为 2014 年、2015 年、2016 年和 2017～2020 年四个阶段，规划编制完成后要及时报送市城区山体绿化指挥部办公室（以下简称市指挥部办公室）。同时，各区政府要科学编制城区山体绿化年度计划和实施方案，2014 年年度计划和实施方案于今年 5 月 20 日前，2015 年、2016 年和 2017～2020 年年度计划和实施方案分别于上年度 11 月 30 日前报送市指挥部办公室。

（二）严格标准，力求实效。要合理提高绿化密度，努力增加绿地面积，力争做到山体绿化全覆盖。要遵循自然规律，坚持因地制宜、适地适树，做到乔、灌、花、藤、草相结合。要实行高标准造林整地，采取修路上山、引水上山和客土上山等管护措施，确保林木成活率和保存率。要加快城市山体公园建设，对靠近居民区并具备一定基础条件的山体，在实施高标准绿化提升的同时，要规划建设健身路径、休闲设施和服务设施，实实在在地为市民打造良好生活和休闲环境；对已经完成山体绿化且具备建设山体公园条件的，要进行基础设施改造，尽快建成开放，让市民共享山体绿化成果。市林业局、城市园林局要尽快组织制定关于城区山体绿化提升、山体公园建设的技术指导意见，推动各区山体绿化工作扎实开展。

（三）示范引领，确保进度。要实行市场化运作、合同化管理、工程化造林、专业化施工、全过程监理，确保城市山体绿化进度和质量。要抓住当前以及雨季造林的有利时机，强化工作措施，集中力量建设一批特色突出的山体公园和山体绿化精品工程。要重点打造山体公园和山体绿化提升示范工程，注重以点带面、示范引领，全面推进城区山体绿化工作。

四、保障措施

（一）加强领导，落实责任。在市“六城联创”工作领导小组统一领导下，市指挥部具体负责城区山体绿化的组织推进工作。城区山体绿化工作实行属地管理，各区政府具体负责辖区山体绿化提升和山体公园建设，要建立工作推进机制，确保工作进度和质量。市有关部门要加强配合，通力协作，确保任务落实。市林业局负责做好城区山体绿化的日常组织协调工作，侧重山体绿化提升技术指导；市城市园林局负责组织实施济南林场范围内的山体绿化，侧重山体公园建设技术指导；市国土资源局负责做好破损山体治理与矿山复绿技术指导。

（二）完善政策，保障投入。坚持政府投入为主、社会积极参与，建立多元化的城区山体绿化投入机制。各区政府作为城区山体绿化的实施主体，要积极筹措建设资金，确保工作按期推进。市财政统筹整合破损山体治理专项资金、创建国家森林城市建设资金、城市园林绿化建设资金，作为奖补资金，专项用于各区城区山体绿化建设。今年统筹 1 亿元专项建设资金，其中，8000 万元用于直接奖补，对现状为荒山、疏林地的，原则上按照山体绿化提升每亩 0.8 万元、山体公园建设每亩 1.2 万元的标准进行奖补（对现状为破损山体的，据破损程度及破损立面、平面面积视情奖补）；对属于山体公园建设完善阶段的，原则上按照年度投资的 50% 进行奖补。其余 2000 万元，年底根据山体绿化标准以及投资额度等考核验收情况，进行统筹奖补。同时，注重发挥中国绿化基金会济南专项基金的作用，多形式、多层次、多渠道募集用于城区山体绿化和管理养护的公益资金，鼓励社会力量参与城区山体绿化。

（三）舆论引导，营造氛围。各区政府、市有关部门要加强与新闻媒体的沟通和联系，开展形式多样的舆论宣传，争取社会各界和广大市民对城区山体绿化工作的支持，提高参与山体绿化的积极性和自觉性。要动员和组织广大市民通过义务植树等活动，积极支持参与城区山体绿化工作。

（四）强化督导，严格考核。市政府督查室要把城区山体绿化工作作为全年督查重点来抓，加强工作调度和督导检查，确保城区山体绿化工作扎实开展。市指挥部办公室要尽快制定下发城区山体绿化工程建设标准和督导考核办法，及时组织检查验收，确保城区山体绿化工作扎实有序推进。

B

济南市人民政府关于加快推进海绵城市建设工作的实施意见

济政发〔2015〕4号

各县（市）、区人民政府，市政府各部门：

为切实做好海绵城市建设工作，进一步提高城市综合防灾减灾能力，缓解城市水资源压力，改善城市生态环境，根据国家有关文件精神，结合我市实际，提出如下实施意见。

一、充分认识建设海绵城市的重要意义

海绵城市是指城市能够像海绵一样，在适应环境变化和应对自然灾害等方面具有良好“弹性”，下雨时吸水、蓄水、渗水、净水，需要时将蓄存水“释放”并加以利用。海绵城市建设将自然途径与人工措施相结合，在确保城市排水防涝安全的前提下，最大限度实现雨水在城市区域积存、渗透和净化，提高雨水资源化水平，保护生态环境。积极推进海绵城市建设是贯彻落实中央经济工作会议精神的重要举措，也是推进“工程治水”向“生态治水”重大转变的有效方式，对于提高城市防洪排涝减灾能力，促进城市水系统良性循环具有重要意义。各级各部门要充分认识建设海绵城市的重要性、紧迫性，进一步增强责任感、使命感，紧紧围绕“加快科学发展，建设美丽泉城”中心工作，抢抓机遇，统筹规划，突出重点，示范引路，全力推进海绵城市建设，促进经济社会稳定健康发展。

二、总体要求

（一）指导思想。深入贯彻落实党的十八大关于大力推进生态文明建设的重大战略部署，按照习近平总书记提出“节水优先、空间均衡、系统治理、两手发力”的治水思路，以及海绵城市渗、滞、蓄、净、用、排的功能要求，科学规划和统筹实施城市水系统、园林绿地系统、道路交通系统、建筑小区系统（以下简称四大系统）建设，以试点区域建设为契机，示范带动和推广应用低影响开发建设模式，切实增强城市防洪、排涝、减灾等综合能力，构建山、泉、湖、河、城相融合的城市水生态系统，有效促进生态文明建设。

（二）基本原则。

1. 坚持规划引领，科学示范。以海绵城市建设理念引领城市发展，以科学规划引领海绵城市建设，积极打造示范工程，有效发挥借鉴示范作用。

2. 坚持尊重自然，因地制宜。根据我市地形水文特点及发展现状，注重对城市原有生态系统保护和修复，因地制宜建设试点项目，更好地发挥海绵城市自然留存、自然渗透、自然净化功能，突出生态效益。

3. 坚持民生为本，促进发展。将改善城乡人居环境、提升水安全保障能力作为海绵城市建设的核心，通过推进试点项目建设，构建海绵城市建设综合治理体系，实现城市生态发展的良性循环。

4. 坚持统筹推进，互补互调。统筹推进四大系统建设，做好各系统之间互补互调与

无缝对接，不断提升吸水、蓄水、净水、释水功能。

（三）建设目标。依据住房城乡建设部《海绵城市建设技术指南——低影响开发雨水系统构建（试行）》（建城函〔2014〕275 号）要求，结合自然地理条件、城市排水防涝基础和应急管理能力需求，以及城市建设发展实际，到 2020 年，市区内年径流总量控制率达到 70%、对应控制设计降雨量为 23.2mm，年均控制径流总量为 951 万 m^3；有效缓解城市洪涝灾害、泉水利用不足、雨污水混流三大问题，实现雨水资源化、泉水资源化、污水资源化，提高城市防洪排涝减灾能力，改善城市生态环境，建设生态美丽泉城。

三、建设任务

（一）城市水系统建设。加大河道整治力度，实施兴济河、历阳河、玉绣河、西圩子壕、玉符河、腊山河及历阳湖综合治理工程，建设拦水坝、谷坊、生态缓坡、湿地公园等，增加河道渗漏调蓄能力；实施河道清淤工程，增加河道排放能力；加强污水处理设施建设，加大雨污分流改造力度，按照分系统规划建设与上游优先、集中与分散处理并重的原则，建设英雄山边沟、赤霞广场等污水分散处理设施和大金污水处理厂，同步配套建设再生水回用管网，扩大再生水使用范围，改善河道水质，提升河道水体景观。实施地表水转换地下水工程，加快历阳湖、兴济河泉水调水工程建设，实现泉水再观再用；推进卧虎山、锦绣川、兴隆、浆水泉、孟家水库“五库联通”工程建设，建立城市河道补水长效机制。实施小流域水土保持综合治理及市区南部渗漏带修复保护工程，改造卧虎山水库输水线路，提升蓄水能力。加快改造既有危旧供水管网，降低供水漏失率，提高供水保障能力。

（二）园林绿地系统建设。实施千佛山、英雄山、泉城公园等公园景区改造提升工程，结合公园绿地建设和改造，适当建设下沉式绿地和植草沟，实施透水生态铺装，在充分利用原有景观水面汇水调蓄功能的基础上，适当设置雨水调蓄设施，提升绿地汇聚雨水、蓄洪排涝、补充地下水等功能。实施佛慧山、卧虎山、金鸡岭、兴隆景区等山体公园建设，大力开展植树绿化，丰富山体植被，涵养水源，并依托山体地势合理设置雨水收集、拦蓄及利用设施，增强山体公园雨水渗、蓄、用功能。实施街头绿地、游园和道路等绿地改造提升工程，增加乔灌木栽植量，丰富植物配置，完善景观设置，适当建设下沉式绿地和植草沟，加大透水铺装比率，合理设置雨水蓄水池等设施，提升绿地渗、蓄水等功能。

（三）城市道路系统建设。城市道路作为径流及其污染物产生的主要场所之一，从道路规划、设计到施工均要落实低影响开发理念及控制目标。对在建的二环南路、二环西路南延快速路工程，以及计划实施的舜世路二期南段等市政道路工程，实施人行道、附属停车场及广场透水铺装，适当建设下沉式绿地、生态树穴及雨水调蓄池等，增大地表水渗入量，最大限度发挥道路集水功能，蓄积雨水用于道路浇洒及绿化等。

（四）建筑小区系统建设。新开发片区应将海绵城市建设要求纳入城市规划建设管控环节，在建与既有建筑小区要因地制宜进行适当改造，试点片区内的既有与在建建筑小区要建设下沉式绿地、可渗透路面、绿色屋顶及透水性停车场等，并设置雨水收集调蓄设施，对地面径流有组织地进行汇集与输送，采取截污等预处理措施后引入原有或新建绿地渗透、调蓄，将蓄积雨水用于小区内绿化浇灌等。试点区域内新规划项目应纳入海绵城市建设指标，实施全过程规划控制。

四、保障措施

（一）加强组织领导。各级要切实加强对海绵城市建设工作的组织领导，细化分解任务，建立推进机制，推动试点工作规范、高效、有序开展。要强化监督检查，实行责任制和问责制，定期督查、通报有关情况，严格实施奖惩。各有关部门要建立统一指挥、整体联动、部门协作、责任落实的联动机制，试点区域内的城市水系统建设主要由市水利局（绕城高速公路以外）、市政公用局（绕城高速公路以内）、济南西城投资开发集团有限公司（西客站片区）、辖区政府负责；园林绿地系统建设主要由市城市园林局、济南西城投资开发集团有限公司、辖区政府负责；市政道路系统建设主要由市市政公用局、济南西城投资开发集团有限公司、济南旧城开发投资集团有限公司、辖区政府负责；建筑小区系统建设主要由市规划局、城乡建设委、住房保障管理局、辖区政府负责。

> （二）落实保障资金。在安排财政预算时将城市排水防涝等设施改造、建设和维护纳入2015～2017年度保障重点，合理划分市与区级支出责任，调整支出结构，集中财力优先用于海绵城市试点项目建设。坚持地方、社会投入为主的原则，研究制定政府与社会资本合作（PPP）模式配套政策，吸引更多社会资本用于试点项目建设。各有关部门要在新建、改建试点项目中遴选可实施政府与社会资本合作的项目，财政部门会同相关主管部门对有关项目进行评估筛选，确定备选项目，并严格按照财政部《政府和社会资本合作模式操作指南（试行）》（财金〔2014〕113号）要求规范项目运作。

> （三）完善制度体系。按照海绵城市建设要求，修改完善城市节约用水管理办法、城市中水设施建设管理办法，制定低影响开发建设模式与标准、强制性城市排水标准等，进一步规范城市供排水设施规划建设和运营管理。将海绵城市建设规范及要求纳入市政设施管理条例修改完善内容，结合我市实际研究四大系统建设规范标准。出台系列配套扶持政策，对既有建筑小区绿色改造项目给予一定扶持，新建小区在土地出让时严格规划设计条件，将海绵城市建设要求依法纳入“两证一书”、施工图审查、土地招拍挂、开工许可、竣工验收等城市规划建设管控环节。进一步完善河道整治管理“河长制”，强化河道、雨污水等设施建设和运行监管。健全城市防汛应急预案，加强预警和应急能力建设。

> （四）抓好宣传培训。充分发挥舆论引导作用，深入宣传海绵城市建设的重大意义和政策措施，引导市民群众养成更加生态环保的用水习惯，调动社会各方参与海绵城市建设的积极性、主动性。要及时向社会公开四大系统工程建设进展情况，注重总结典型经验，拓展群众参与和监督渠道。加强对相关部门监管人员及设计、施工、监理等单位从业人员业务培训，增强推动海绵城市建设发展的综合能力。积极开展海绵城市建设学术交流、技术研讨等活动，加强对外技术交流与合作，不断提高海绵城市建设管理水平。

济南市人民政府

C

济南市城市山体绿化及山体公园设计导则

济南市城市山体绿化及山体公园是城市绿化建设的重要内容，是能充分体现济南市城市山水格局特色的重要组成部分。它既有山体绿化和山体公园常规基础工程的共性，又有以山体为基础的生态及保护建设工程的特殊性。济南市国有林区现状植被覆盖较完好，集体林地多存在“光头、绿腰、裸腿、断脚”的情况，为尽快改善济南市山体基础绿化现状，促进山体公园建设，济南市城市园林绿化局组织编制了《济南市城市山体绿化及山体公园设计导则》（以下简称“导则”）。

导则针对不同的立地环境，对原有特色风貌按规划设计要求，进行改善生态环境、提高观赏效能、优化基础设施等建设工作；将实际工程中的设计及工程做法予以归纳总结并规范，为此类工程的设计及建设实施提供示范和指导，提高绿化工程施工质量，使绿化工程纳入科学化、规范化管理轨道。

导则内容分为三部分：设计导则；工程做法汇编；附录：济南市城市山体绿化及山体公园绿化主要树种。

C1 原则

济南市城市山体绿化及山体公园景观设计和工程做法必须符合当地市情，须突出山体绿化及山体公园的特色。应遵循下列原则：

C1.1 坚持保护优先的原则

严格保护自然与文化遗产，保护原有自然资源、景观特征、地方特色和历史文脉，维护生物多样性和生态良性循环，防止污染和其他公害。

C1.2 坚持生态性原则

选择适合本区域栽植的树种，进行造林、绿化工作，设计应丰富植被层次，促进植被的更替，构建原生及迁徙动物的生存环境，充分发挥环境的生态功能。

C1.3 坚持因地制宜的原则

充分了解场地现状的地理、环境、历史人文资源等景源的综合潜力，在设计中应突出游览观赏主体，合理布局；竖向符合山体地形；选用符合山体特色的材料及植物；配置合理规模的服务设施（交通设施、休憩设施等），体现当地特色。

C1.4 坚持合理利用的原则

统筹权衡风景环境、社会、经济三方面的综合效益，权衡山体绿化和山体公园自身发展与社会需求之间的关系，减少城市化、商业化倾向，创造风景优美、生态环境良好、景观形象和游赏魅力独特、人与自然协调发展的游憩境域。

C1.5 坚持协调统一性原则

山体绿化及山体公园的景观设计应符合山体的特征，体现山体风貌特色，工程做法应与山体的环境相协调。

C2 总体布局

（1）以济南市区域城市控制性详细规划和绿地系统规划及当地主管部门提供的规划条件为依据。

（2）深入研究场地地貌、地质、植被等条件，重点保护水体、古树、名木、文物古迹及古建，分析各类游览的使用功能要求，在总体布局层面控制好各功能空间的主次及动静关系、景点的疏密及序列关系，明确功能分区，通过合理的交通系统将各分区及景点有机联系，形成统一整体。

（3）合理确定环境工程建设的标准和规模，为施工组织提供便利条件，优先采用当地园林建材、乡土树种和适生树种，尽量采用环保材料和工艺，通过合理的设计提高建设速度，节约工程投资，降低场地建设的造价。

C3 竖向设计

C3.1 设计应尊重山地原有坡向及自然植被覆盖情况，尽量就地平衡土方，合理设计场地、建筑、小品及道路等要素的竖向位置，并对周围地形提出处理方案，同时需满足植物的生态习性要求，创造多种园林空间。同时必须避让古树名木，留足保护范围（树冠投影以外 5m 以上），保护范围内，不得损坏表层土和改变地表高程。

C3.2 合理安排地下管线的敷设和埋深，并解决好场地内外的高程衔接。

C3.3 场地竖向的布置形式包括坡度式、台地式、混合式。

C3.4 挡土墙与护坡

山坡、谷底等地的竖向设计，应保持地质的稳定，防止水土流失。当自然放坡有困难或功能需要时，需对边坡进行防护、加固或设置挡土墙，必要时，可采用放坡与挡土墙相结合的方式，防止水土流失或滑坡。

C3.4.1 挡土墙

挡土墙应设置于深层不稳定边坡处，用以维护道路、场地、台阶和台地边缘土体的稳定。根据山体环境、现场和技术条件，选用适合且安全的挡土墙类型，包括干插石、虎皮石、毛石、塑石、自然石、生态袋 6 种类型。

C3.4.2 护坡

对浅层不稳定的边坡采用护坡，措施有：硬性支护、植物防护、柔性支护。

C3.5 建筑的竖向布置

主要分为展示、服务及管理设施两类，在具体建筑设计中应结合地形条件，协调建筑与场地之间的平面与空间关系，同时考虑日照、通风、种植等因素与建筑的相互影响，以及防火等技术要求，兼顾经济性和实用性。在不同坡度上的建筑采用提高勒脚、悬挑、架空、错层、掉层、错跌、分层入口等处理手法。

C3.6 道路的竖向布置

道路的布置应尽量结合原有自然地形。主环路应依山就势，沿平缓的坡地或谷地布置，减少土方工程量；步行道路应根据坡度需要采取防滑措施或设置台阶。

C3.7 场地排水组织

合理组织场地排水，合理疏导不同坡面的地表径流，提出组织、收集、利用、存储的设计方案，减少对场地和道路的冲刷，同时对防洪、排洪设置合理的工程措施。

C4 道路交通设计

C4.1 一般规定

交通系统布局应以总体设计及原有地形地貌为依据，综合调查、分析周边交通情况、内部现状道路及设施的基础上，因地因景地统筹安排选线，进行内外交通组织及园路设计，形成功能明确、主次分明的道路交通系统。

> 交通系统的开拓及建设，必须以保护和维护生态平衡为首要条件，对景观敏感地段，根据保护等级的要求，合理确定路线。

> 机动车与非机动车、内部与外部等交通流线应尽量减少相互之间的干扰，并尽可能考虑到不同游人的实际需要，结合时间要素来安排游览线路和游览活动，使游人的风景感受总量最大。

> C4.2 对外交通

> 根据城市规划条件及周边道路级别和游人走向、流量确定出入口（主、次、专用）级别、集散地、停车场及相应服务设施的位置与规模。停车场集中与分散相结合，方便管理，便于疏导游人，方便游人使用，车位宜分组布置。

> C4.3 内部交通

> 内部交通主要分为车行道和游览步道两类。

> （1）应因景而设，走向尽量争取风景的最佳视角，将山体特有的风景画面组织到游览线内，引导观景的同时，需注意安全问题。

> （2）应注意整体性景观效果，又要注意经济效益，应密切结合现状地形，整合原有山路，尽量将机动车道沿平缓的坡地和谷地进行布置，游览步道应在符合游人行为规律和自然地形的基础上进行曲直、起伏变化。线路布局的方式有循环式、树枝式、混合式。

> （3）设计对内部交通的种类选择、交通流量、线路走向、场站码头及其配套设施，均应提出明确而有效的控制要求和措施。确定各级园路的合理宽度，园路及集散地对应的面层材料应与山体风格协调，并做到透气、透水、防滑。一般以车行道路和游览步道两种为游览基础，根据地形的险峻程度和需要可设置栈道或垂直交通联系（缆车、索道、滑索等）。

C5 种植设计

> C5.1 设计原则

> （1）应遵循“因地制宜，适地适树”的原则，突出区域地带性植物群落的特征，在树种选择上以乡土树种为主，比例应达到 80% 以上，同时结合外来树种，优化林相结构和季相变化，符合各层植物的生态习性要求，在原有植物群落结构与色彩的基础上突出植物景观特色。

> （2）种植设计应与景区、景点、场地环境相协调，布局上要采用混交林为主，混交、纯林相结合，使山林植物景观与人文及大自然景观相协调，形成多种风景林景观。

> （3）植被覆盖率应达到 95% 以上，以乔木为主，乔木数量应占总栽植数量的 90% 以上，优先考虑常绿树种，常绿比例达到 70% 以上，常绿树与落叶树相结合，速生树与慢生树相结合，乔、灌、藤、地被相结合，每公顷山林树木配置种类不应少于 3 种。

> C5.2 具体要求

> C5.2.1 山体绿化

> 山体绿化是以恢复裸露山体林木覆盖为主，植被覆盖率应达到 95% 以上。山体绿化常用的绿化苗木应与当地周边的乡土植物相结合，促进植物群落的演替及长期的稳定性。根据不同的绿化地段特点，种植、播种及喷播等多种工艺措施灵活运用相结合；土层深栽乔木，土层浅种灌草，山体底部种攀爬植物，创造丰富的植物群落结构。同时符合植物的生长需要，常绿和落叶搭配相结合，深根系与浅根系植物相结合，并要注重植物的抗性和适应性。

> 植物配置以常绿乔木为主，常绿树、落叶树比为 3:1，选用小规格苗木。基调树种可以选择侧柏、桧柏、龙柏、五角枫、三角枫、臭椿、刺槐、国槐、黄栌等植物材料。

C5.2.2 山体公园

山体公园在山体绿化的基础上突出植物景观，在景点及土质肥厚的地带增加景观树种，形成乔、灌、草、藤相结合的植物群落景观，以色叶植物为主打造季相变化，色叶植物不低于30%。

植物配置以乔木为主，常绿树、落叶树比例为3 ：2，乔木、灌木比为4 ：1。植物配置在基调树种的基础上根据需要配植相应种类和规格的景观植物，可选择栾树、白蜡、朴树、樱花、山桃、丁香、连翘、迎春等植物材料。

C5.2.3 山体类风景名胜区

由几个连续的山体或面积较大的山体公园形成的山体类风景名胜区，应通过植被的保护、修复形成更具特色的植物景观。

C5.3 植物栽植

根据山体的土层及坡度情况，选择不同的栽植方式：

C5.3.1 常规栽植

坡度 <25%、土层条件良好的情况下可以按常规的方式栽植苗木。

C5.3.2 鱼鳞穴、水平阶

在山体土层瘠薄处采用设置鱼鳞穴、水平阶的方式，进行填土栽植，土壤深度至少达到40cm，苗木以浅根系植物为主。

C5.3.3 喷播

对于风化程度较高的岩土边坡、土夹石边坡以及破损山体的绿化，可以采用喷播的方式，在喷射中加入狗牙根、高羊茅、紫穗槐等草种，通过植物的生长、根系的固结作用，达到绿化和护坡的目的。

C5.3.4 挂袋

破损山体的陡峭区域可以采用挂袋的方式，主要是通过锚杆固定含有草炭土、珍珠岩、蛭石等轻质土以及刺槐、紫穗槐、胡枝子、多花木兰、紫荆等多品种草种的生态袋的方式进行绿化，具有绿化效果持久、植物品种丰富等诸多优点。

种植前根据植物的生长需要和土壤的肥力情况，合理施肥，平衡土壤中各种矿质元素含量，保持土壤肥力和合理结构；回填土壤应达到种植土的要求。种植土除做一般改良外，必须加大有机质含量。

C5.4 实施措施及要求

（1）山体迎风面、风道通廊区域的种植应选用根系发达、抗风力强的植物材料。

（2）对于尚存的宜林地、空旷地，应结合景观需要进行自然合理的植物配置。树木种植后，不得影响交通、阻碍车行视线；发生灾害时，不影响救援车辆的通行，也不得影响建筑物、构筑物及地上地下管线的运行和维修。

（3）对郁闭度高、生长较弱的山林应进行适当的修剪、抚育，防止病虫害的发生和蔓延。

（4）在高压走廊内宜采用地被植物和低矮灌木进行绿化，确保无裸露地面。

（5）宜采用自然式种植，尽量减少设置人工种植池和规则式花坛。

C6 水系设计

C6.1 水系组织设计

（1）维持山体现有汇水情况，并进行梳理改善，维护原有地貌特征和水景环境，保护水体与水系，对场地的拦排洪和地表水排放进行设计。

（2）合理利用原有水面、水溪、泉等水体，实行在保护中开发、在开发中保护的原则，随形就势地设计水系，不得大范围改变水体流向，不宜新建、扩建水体范围。景观水体尽量采用过滤、循环、净化、充氧等技术措施，保证水质清洁。

（3）水体岸边 2m 范围内的水深不得大于 0.7m；当达不到此要求时，必须设置安全防护设施。无栏杆的园桥、汀步附近 2.0m 范围内的水深不得大于 0.5m。

（4）就近引用溪河、湖泊等水体，满足防火、灌溉及景观等功能需求。

C6.2 排洪蓄水设计

（1）根据山体的汇水特征，利用梳理山体的汇水沟、泄洪河道等形成有效、合理、安全的排水系统，以生态方式进行适当的拦水、蓄水，作为生产用水和景观用水，合理利用雨洪，增加雨水渗漏，排除洪水，防止洪水泛滥。

（2）汇水面积较小处（不超过 $1000m^2$）与路面交叉时可采用点状排水的形式，防止雨水冲刷路面；收水口进行生态处理，并能够形成小水洼，可供鸟类等动物饮水之用。

（3）山谷等汇水面积较大处与路面交叉时，可采用景观桥或涵洞的形式，保证排水通畅和路面的安全。

（4）结合山体原有汇水高差较大之处，设置拦水设施和蓄水池，便于缺水季节使用；拦水设施和蓄水池采用生态做法，可选择开放式和封闭式两种，不破坏环境，并与周边景观相协调。

C7 游憩服务设施设计

（1）游憩服务设施的布局与选址应符合山体公园规模要求，以保护山体林地、方便游人使用和便于养护管理为前提，顺应和利用原有地形，控制各类设施体量，尽量减少对原有地物与环境的损伤或改造，提高其适用性、艺术性。

（2）山体公园内的游憩服务设施设计应符合下表（表 C–1）的规定：

山体公园游憩服务设施　　表 C–1

设施类型	设施项目	山体公园面积（hm^2）					
		<2	2~<5	5~<10	10~<20	20~<50	≥ 50
游憩设施	亭、廊、棚架	○	○	●	●	●	●
	园椅、园凳	●	●	●	●	●	●
	体育健身器械	○	○	●	●	●	●
服务设施	小卖店	—	—	○	○	●	●
	茶座	—	—	○	○	○	○
公用设施	厕所	○	○	●	●	●	●
	园灯	○	○	●	●	●	●
	公用电话	○	○	○	○	●	●
	果皮箱	●	●	●	●	●	●
	标识标牌	○	○	●	●	●	●
	停车场	—	○	○	○	○	●
管理设施	管理用房	—	—	○	○	●	●
	治安机构	—	—	—	○	○	●
	垃圾转运站	—	—	—	—	○	●
	变电室、泵房	—	—	○	○	●	●
	电话交换站	—	—	—	○	●	●

注："●"表示应设，"○"表示可设，"—"表示不设。

>　（3）游憩服务设施的位置、朝向、高度、体量、空间组合、造型、色彩、风格及其使用功能，应与地形、地貌、山石、水体、植物等环境要素统一协调，应有明确的分区分级控制措施。

>　（4）管理设施的体量和高度应按不破坏景观和环境的原则严格控制，管理建筑不宜超过两层。

>　（5）“三废”处理必须与建筑同时设计，不得影响环境卫生和景观。

>　（6）应在山体公园主要出入口及游客中心明显位置设置及展示景区徽志；在园内各类集散地、园路交叉口、各级景点或景区明显位置以及险要地段设置指引方向、景点介绍、警告提示等指示牌，引导游人活动。

\> \> \> \> \> \> \> \> \> \> \> \> \> \> \> \> \> \> \> \>

D

\> \> \> \> \> \> \> \> \> \> \> \> \> \> \> \> \> \> \> \>

济南市海绵城市绿地设计导则

——山地与平原复合型城市绿地低影响开发雨水系统构建

\> 为充分发挥城市绿地对雨水的吸纳、蓄渗和缓释作用，保护和改善城市生态环境，根据济南市人民政府《关于加快推进海绵城市建设工作的实施意见》（济政发〔2015〕4号），在济南市海绵城市建设的总体框架下，针对城市绿地中的低影响开发雨水系统构建，济南市城市园林绿化局组织编制了《济南市海绵城市绿地设计导则》（以下简称“导则”）。

\> 本导则提出济南市海绵城市绿地建设中低影响开发雨水构建的基本原则，控制目标分解，适用于济南地区的技术途径及方法，明确设计到实施阶段的基本工作要点，并提供了试点区的典型实践案例，以引导各类绿地工程的具体建设工作。

D1 总体思路

\> 依据“建设具有‘自然积存、自然渗透、自然净化’功能的海绵城市”总体要求，在满足绿地生态、景观、游憩等基本功能的基础上，以“因地制宜，突出特色；科技引领，便于管理”为基本行动方针，结合济南市城市绿地特点，优先利用自然排水，优先采用分散、生态的低影响开发设施，充分发挥城市绿地吸纳、蓄渗、净化和缓释自身及周边用地雨水径流的作用，调配“渗、滞、蓄、净、用、排”六大功能，与其他专项系统紧密结合，进行城市绿地中的低影响开发雨水系统建设。

D2 基本原则

\> D2.1 规划引领，科学构建

\> 根据海绵城市建设要求及济南市海绵城市总体规划，制定绿地专项规划，发挥规划的控制和引领作用，提出各类绿地的建设目标及指标要求，明确城市绿地内低影响开发雨水系统的构建内容。

\> D2.2 生态优先，安全为重

\> 明确和保护生态敏感区和城市绿地既有生态系统，提高水生态系统的自然循环及修复能力，维持城市绿地良好的生态功能。

\> 以保护生态安全、社会经济安全及游览安全为出发点，提高低影响开发设施的建设质量和管理水平，确保设施安全和超标雨水的排放安全。

\> D2.3 因地制宜，合理布局

\> 结合生态敏感区和城市绿地的空间布局关系，绿地的自然地理条件、水文地质特点、水资源状况、降雨规律、水环境保护与内涝防治要求等相关因素，合理布局低影响开发设施，兼顾功能性、安全性与景观性。

\> D2.4 统筹建设，持续维护

\> 严格落实城市绿地的低影响开发控制目标、指标和技术要求。新建项目应与低影响开发设施建设工程同步规划设计与实施。项目建成后要加强对设施的管理维护，保证系统正常运行。

D3 工作组织程序

> 通过总体规划、控制性详细规划，确定城市低影响开发策略、原则、控制目标及分区指标条件；通过修建性详细规划，确定低影响开发设施的具体控制指标；通过设计，明确设施规模、类型、布局、组合方式等具体内容（图 D–1）。

> 工程施工建设、验收等过程应按照规划设计指标及要求实施；项目运行过程中需加强设施的管理维护，保障实施效果，同时开展实施评估，以辅助相关规划的修订。

D4 设计控制要点

> D4.1 现状调研

> 根据各项目的自然条件（降雨状况）、水文、水资源布局和条件、地形地貌、排水（汇水）分区、植被等场地内现状情况以及用地周边的城市竖向、地表径流方向、市政管网等场地外部建设情况，综合分析并总结存在的主要问题。

> D4.2 制定控制目标和指标

> 根据上位规划，结合区位、周边用地情况及绿地内现状特征，分析并提出绿地控制目标与指标要求，明确单位面积控制容积，并对指标进行分解和合理分配。

> D4.3 系统建设用地选择与优化

> 新建项目的用地选择和设施布局应与场地景观同步规划，优先利用原有河湖水系、自然坑塘等用地，自然为主，人工设施为辅，充分利用场地竖向设计，组织地表径流，达到设施与规划景观最优结合。

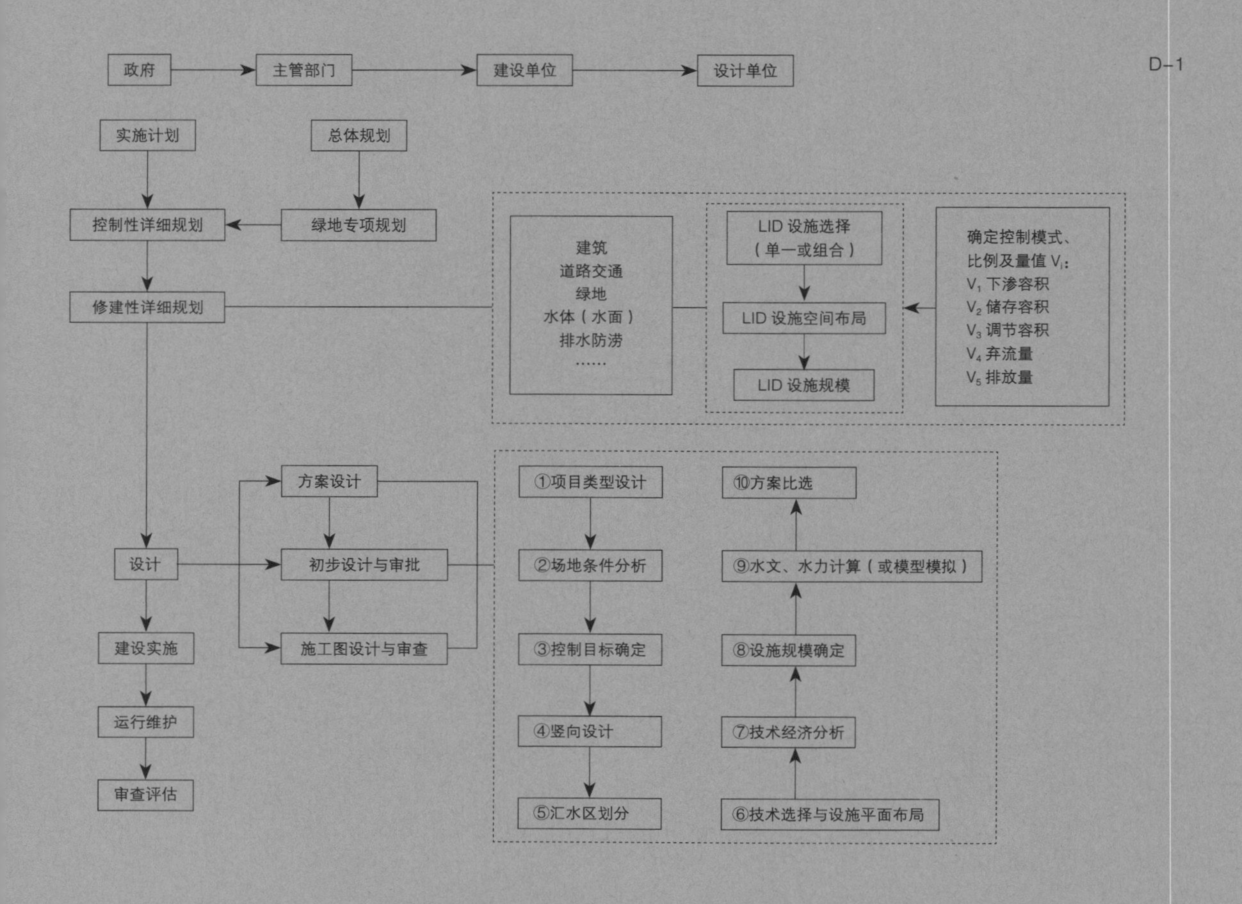

D–1

图 D-1　绿地建设实施工作组织程序

> 改扩建项目应充分结合现状，优先考虑对成熟度高、知名度高的景点、景群和植物群落的保护，以节约用地为原则，选择有条件的用地进行系统构建。

> 根据指标要求，结合绿地现状进行雨水利用技术设施的合理选择与搭配。

> D4.4 通过计算确定设施规模和布局

> 根据控制目标及设施类型，选择容积法、流量法等方法进行计算，反复核算所选择设施能否满足控制目标要求，确定设施规模并进行合理布局。

D5 海绵城市绿地分类

> 在海绵城市建设中，城市绿地分为山体类绿地，非山体类绿地，带状绿地，附属绿地，生态隔离带、湿地及渗漏带五大类型（表 D-1）。

海绵城市绿地分类与城市绿地分类对应　表 D-1

海绵城市绿地分类	城市绿地分类
山体类绿地	以山体为主，坡度≥ 25% 的综合公园、社区公园、专类公园；生产绿地；带状防护绿地
非山体类绿地	地形较平坦、坡度＜ 25% 的综合公园、社区公园、专类公园、街旁绿地；生产绿地；非带状防护绿地
带状绿地	带状公园；防护绿地；道路附属绿地
附属绿地	居住附属绿地、单位附属绿地
生态隔离带、湿地及渗漏带	其他绿地，包括城市生态隔离带、北部原有生态湿地及渗漏带

D6 构建目标及指标控制

> 在满足海绵城市规划目标和控制指标的前提下，按照科学合理、具有指导性和可实施性的原则，制定城市绿地低影响开发雨水系统构建目标和控制指标。

> D6.1 构建目标

> 城市绿地低影响开发雨水系统以径流总量控制作为首要控制目标，根据不同绿地的功能需要可相应增加径流峰值控制目标和径流污染控制目标。

> D6.2 指标控制

> 济南市城市绿地年径流总量控制率：≥ 75%。

> 各类海绵城市绿地年径流总量控制率如表 D-2 所示。

海绵城市绿地年径流总量控制率　表 D-2

序号	海绵城市绿地类型	年径流总量控制率
1	山体类绿地	≥ 75%
2	非山体类绿地	≥ 85%
3	带状绿地	≥ 85%
4	附属绿地	≥ 85%
5	生态隔离带、湿地及渗漏带	维持其原有对雨水的自然积存、自然渗透、自然净化功能

> 年径流总量控制率对应设计降雨量如表 D-3 所示。

济南市年径流总量控制率对应设计降雨量　表 D-3

年径流总量控制率	60%	70%	75%	80%	85%	90%
设计降雨量（mm）	16.7	23.2	27.7	33.5	41.3	52.3

注：参照《海绵城市建设技术指南——低影响开发雨水系统构建》（住建部 2014 年 10 月）。

> D6.3 单项控制指标

> 结合不同类型绿地条件和特点，各绿地中的相关内容通过透水铺装率与下沉式绿地率单项控制指标进行落实。

> D6.3.1 下沉式绿地率

> 各类海绵城市绿地下沉式绿地率见表 D–4。

海绵城市绿地下沉式绿地率　表 D–4

序号	海绵城市绿地类型	下沉式绿地率
1	山体类绿地	（改建）≥ 5%
		（新建、扩建）≥ 10%
2	非山体类绿地	（改建）≥ 20%
		（新建、扩建）≥ 40%
3	带状绿地	（改建）≥ 20%
		（新建、扩建）≥ 50%
4	附属绿地	（改建）≥ 20%
		（新建、扩建）≥ 50%
5	生态隔离带、湿地及渗漏带	——

> D6.3.2 透水铺装率

> 除消防车行道、车行主环路、坡度较大地段的游览路等必要道路外，其余游览路尽量采用透水铺装，新建、扩建透水铺装率应达到 70% 以上，改建根据情况调整。

D7 设施规模计算

> D7.1 计算方法选择

> 低影响开发设施的规模应根据控制目标及设施在具体应用中发挥的主要功能，选择一般计算法（包括容积法、流量法或水量平衡法）、以渗透为主要功能的设施规模计算法等方法确定。绿地中的设施设计规模主要采用容积法、以渗透为主要功能的设施规模计算法进行计算，其他参照《海绵城市建设技术指南——低影响开发雨水系统构建》（以下简称“指南”）。

> D7.2 设施规模计算

> 低影响开发设施以径流总量和径流污染为控制目标进行设计时，设计调蓄容积一般采用 容积法按公式（D–1）进行计算：

$$V=10H\phi F \quad (D\text{–}1)$$

式中：V——设计调蓄容积，m^3；

> H——设计降雨量，mm，参照表 D–3；

> ϕ——综合雨量径流系数，可参照表 D–5 进行加权平均计算；

> F——汇水面积，hm^2。

雨量径流系数　表 D–5

汇水面种类	雨量径流系数 ϕ
硬屋面、未铺石子的平屋面、沥青屋面	0.80~0.90
铺石子的平屋面	0.60~0.70
绿化屋面（绿色屋顶，基质层厚度≥ 300mm）	0.3~0.4

续表

汇水面种类	雨量径流系数 ϕ
混凝土或沥青路面及广场	0.80~0.90
大块石等铺砌路面及广场	0.50~0.60
沥青表面处理的碎石路面及广场	0.45~0.55
级配碎石路面及广场	0.40
干砌砖石或碎石路面及广场	0.40
非铺砌的土路面	0.30
绿地	0.15
水面	1.00
地下建筑覆土绿地（覆土厚度≥ 500 mm）	0.15
地下建筑覆土绿地（覆土厚度＜ 500 mm）	0.30~0.40
透水铺装地面	0.07~0.45
下沉广场（50 年及以上一遇）	——

注：以上数据参照《室外排水设计规范》GB 50014—2006、《雨水控制与利用工程设计规范》DB 11/685—2013、《建筑与小区雨水利用工程技术规范》GB 50400—2006。

D8 普适性构建要点

> （1）应与市政、水利、建筑小区等规划相衔接。

> （2）结合场地条件与特点，明确绿地雨水控制利用目标与指标。

> （3）应通过源头减排、中途转输、末端调蓄等途径，采用相应低影响开发设施或设施组合。

> （4）分区域进行指标控制，以确保设施的有效性。确定绿地内的地下水位和流向，保证设施性能和地下水质安全。

> （5）对城市绿地中的雨水进行合理收集、净化、存蓄，用于绿化灌溉或设施用水。雨水进入收集、存蓄设施之前应经过过滤等预处理设施。

> （6）应考虑超标雨水的排放安全。

> （7）各类型绿地可根据实际情况，确定绿地是否接纳客水。

> （8）城市绿地中除消防车行道、车行主环路、坡度较大地段游览路等必要道路外，其余场地、游览路尽量采用透水铺装，透水铺装率应达到 70% 以上。

> （9）植物种植技术要点：

> 1）遵循原则

> 因地制宜，适地适树，整体协调，并注重植物的功能性和生态学特征。

> 2）种植要求

> 根据绿地功能确定绿地定位：以雨水滞纳、调蓄为主要功能的绿地，优先满足功能，兼顾景观；以景观为主要功能的绿地，优先满足景观要求，结合雨水滞、蓄等功能。

> 绿地中的植物应具有净化、滞留、促渗、低维护、观赏价值等五方面特性。

> 根据设施情况首选耐旱、耐寒、耐淹（涝）、耐盐碱、再生能力强、抗性强的种类和品种。

> 设施周边应选择根系发达、净化能力强的植物，以提高对雨水中污染物的去除能力。

> 屋顶绿化植物宜选择生长较慢、抗性强（抗风性强、耐旱、耐寒、耐高温）的植物，根据覆土厚度及屋顶结构确定植物搭配形式。

D9 山体类绿地低影响开发雨水系统构建

D9.1 构建思路

根据山体的地质特点，南部山体类绿地以“渗、滞”为主，增强绿化，涵养水源，辅以蓄、净、用；北部山体需加大绿化，缓释雨水，适当蓄水，辅以净、用。

根据山体的地形特点，加大绿化、层层拦蓄、合理存蓄，首先从源头（山体上部）控制，然后中途逐层分散、消减径流，最后末端（山体底部）收集，达到增加雨水渗透、减缓雨水径流、减少雨水外排的目的（图 D-2）。

D-2

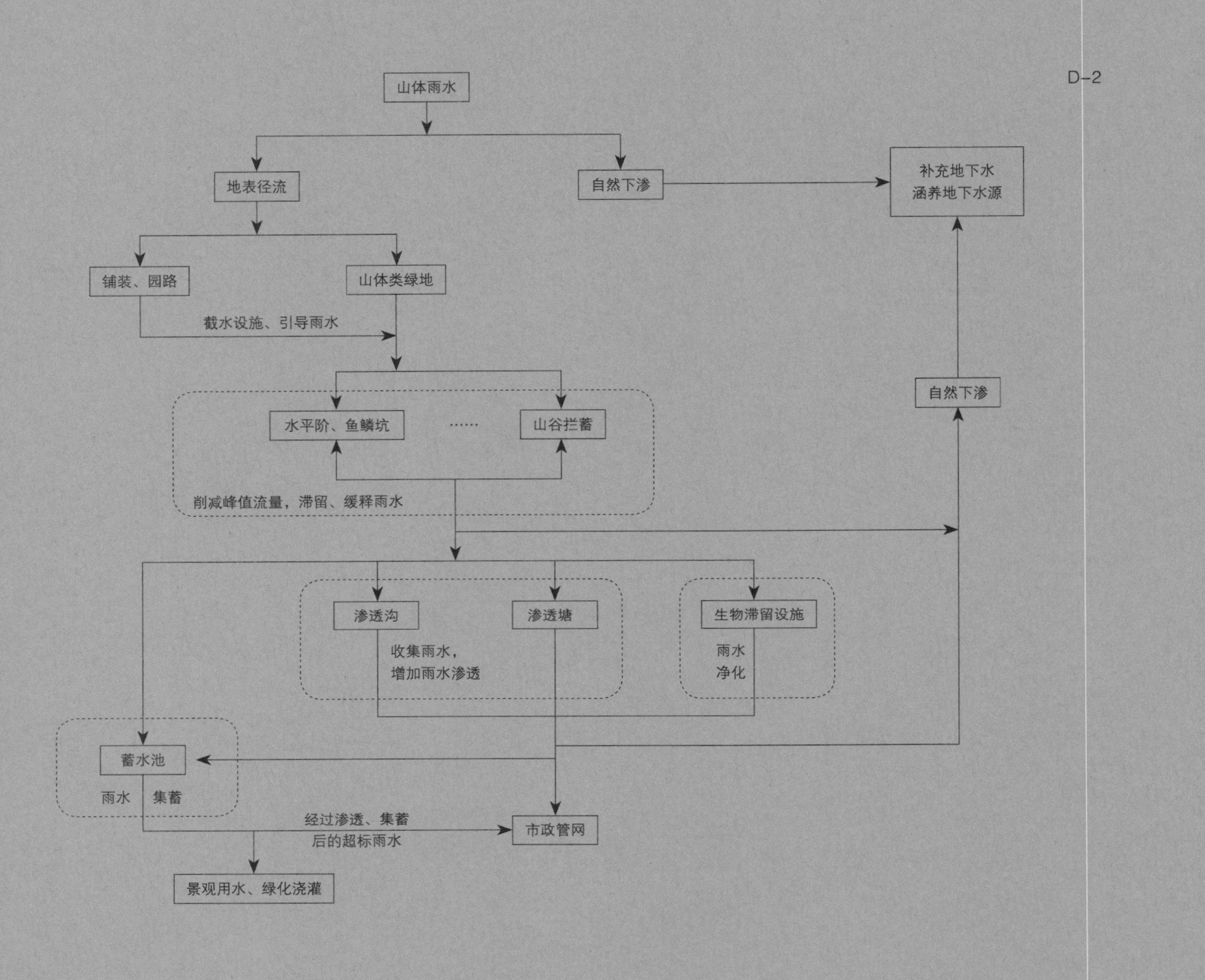

D-3

D-4

图 D-2　山体类绿地低影响开发雨水系统构建流程图
图 D-3　山体绿化
图 D-4　山坡种植
图 D-5　杉木杆水平阶拦蓄

> D9.2 构建要点

> （1）加大绿化，丰富种植层次，增强雨水渗透、缓释（图 D-3、图 D-4）。

> （2）合理疏导，层层拦蓄，分散雨水径流（图 D-5~ 图 D-7）。

> （3）合理存蓄，对雨水收集、渗透或利用（图 D-8~ 图 D-10）。

> （4）优化场地及游览路径流组织，消减雨水径流（图 D-11~ 图 D-13）。

> D9.3 措施选择

> 山体类绿地低影响开发雨水系统构建中，在不影响生态、景观、功能等前提下，在加大绿化、丰富种植层次、增强雨水渗透的基础上，主要采取渗透、储存、转输等技术类型的低影响开发设施（表 D-6）。

山体类绿地低影响开发主要设施选用　表 D-6

序号	技术类型（按主要功能）	单项设施
1	渗透技术	下沉式绿地
		生物滞留设施
		渗透塘
		透水铺装
2	储存技术	蓄水池
3	转输技术	植草沟
4	截污净化技术	植被缓冲带

D-5

D10 非山体类绿地低影响开发雨水系统构建

> D10.1 构建思路

> 非山体类绿地应以“渗、滞”为主，兼顾“蓄、净、用、排”等功能，根据绿地的特点，科学布局和选用低影响开发设施，分区域控制雨水，分散消减径流，合理存蓄，最大限度地实现雨水在非山体类绿地区域内的积存、渗透。

> D10.2 构建要点

> （1）统筹兼顾，灵活布局低影响开发设施；

> （2）丰富植物种类、层次，增强雨水缓释、渗透和净化功能；

> （3）优化竖向设计，合理疏导雨水；

> （4）利用水系，合理增加调蓄功能；

> （5）优化场地及游览路径流组织；

> （6）合理存蓄，对雨水收集、渗透或利用。

> D10.3 措施选择

> 非山体类绿地的低影响开发雨水系统构建中，在不影响生态、景观、功能等前提下，在丰富种植层次、增强雨水渗透的基础上，主要采取渗透、储存、转输等技术类型的低影响开发设施（表 D-7）。

图 D-6　毛石水平阶拦蓄

图 D-7　水平阶拦蓄
图 D-8　小型渗透塘
图 D-9　旱溪
图 D-10　雨水花园
图 D-11　雨水导流槽
图 D-12　植草沟 Ⅰ
图 D-13　植草沟 Ⅱ

D-8

D-9

D-10

D-11

D-12

D-13

非山体类绿地低影响开发主要设施选用　　表 D-7

序号	技术类型（按主要功能）	单项设施
1	渗透技术	下沉式绿地
		生物滞留设施
		渗透塘
		渗井
		透水铺装
2	储存技术	雨水湿地
		蓄水池、蓄水模块
3	调节技术	调节塘（小型）
4	转输技术	植草沟
		渗管/渠
5	截污净化技术	植被缓冲带
		初期雨水弃流设施（可选）
		人工土壤渗滤（可选）

D11 带状绿地低影响开发雨水系统构建

> 根据带状绿地的特点，增加绿化，以“渗、滞”为主，分散雨水径流、增强雨水渗透，重点控制污染水的进入。

> 统筹考虑内部及周边的雨水汇流，形成完善的雨水体系；控制进入绿地的雨水水质、水量，防止污染水侵害植物；道路机动车分车带绿地不接纳外部雨水。

D12 附属绿地低影响开发雨水系统构建

> 根据附属绿地的特点，增加绿化，尽量形成组团绿地，以“渗、滞”为主，分散雨水径流、增强雨水渗透，综合利用各类设施，形成完善的雨水系统；加强屋顶绿化建设；在消纳建筑落水及内部道路雨水时，应注意控制污染水的进入。

> 统筹考虑绿地、建筑及市政等雨水系统的衔接，完善雨水体系；加强屋顶绿化，注重建筑屋顶雨水收集、利用；做好地下空间顶部绿地中雨水的汇集、疏导；车行道路、场地雨水进入绿地前必须经过雨水预处理设施，避免有污染的雨水进入绿地；附属绿地主要以控制绿地内部雨水为主。

D13 生态隔离带、湿地及渗漏带低影响开发雨水系统构建

> 以保护和恢复渗、滞、蓄、净等自然功能为主，适度进行生态恢复和修复，杜绝破坏和污染，维持其原有对雨水的自然积存、自然渗透、自然净化的功能。

> 对于已建成和受到破坏的区域，以植被覆盖及种类调整为主要方法进行保护性恢复和修复。加强保护、严格控制在生态敏感区的开发建设活动，维护其自然积存、自然渗透、自然净化的自然状态。雨水进入绿地前必须经过净化、过滤、吸附及初期雨水弃流等预处理设施。

D14 具体措施

> 在指南基础上，根据海绵城市绿地分类和特点确定低影响开发设施的选用（表 D-8）。

各类用地中低影响开发设施选用一览　　表 D-8

技术类型（按主要功能）	单项设施	绿地类型				
		山体类绿地	非山体类绿地	带状绿地	附属绿地	生态隔离带、湿地及渗漏带
渗透技术	透水砖铺装	●	●	●	●	●
	透水混凝土	◎	◎	◎	◎	◎
	透水沥青	◎	◎	◎	◎	◎
	下沉式绿地	●	●	●	●	●
	简易型生物滞留设施	●	●	●	●	●
	复杂型生物滞留设施	◎	●	◎	◎	◎
	渗透塘	◎	●	◎	◎	●
	渗井	◎	◎	◎	◎	○
储存技术	湿塘	◎	●	◎	◎	●
	雨水湿地	◎	●	◎	◎	●
	蓄水池	◎	◎	◎	◎	○
调蓄技术	调节塘	○	◎	○	◎	◎
	调节池	○	◎	○	◎	○
转输技术	转输型植草沟	●	●	●	●	●
	干式植草沟	●	●	●	●	●
	湿式植草沟	●	●	●	●	●
	渗管/渠	◎	●	●	●	◎
截污净化技术	植被缓冲带	●	●	●	●	●
	初期雨水弃流设施	○	●	●	◎	◎
	人工土壤渗滤	○	◎	◎	◎	○

注：“●”——宜选用，“◎”——可选用，“○”——不宜选用。

> > > > > > > > > > > > > > > > > > > >

E

> > > > > > > > > > > > > > > > > > > >

济南大规模修复山体生态 摘得中国人居环境范例奖[32]

2016 年 02 月 06 日　来源：人民日报

> “透过窗户，就能看到覆绿一片的牧牛山，隔三岔五还可以在家门口爬爬山，锻炼锻炼身体。”家住济南市杰正山山山小区的李安然老人说。

> 牧牛山是济南首批覆绿的破损山体之一，如今成了市民登高望远、观花看绿的好去处。山体生态修复及山体公园建设，是近年来济南市政府为群众办的一件实事。目前，已经有20余座山体公园在市民身边亮相。“推开家门进山体公园，走进绿色山林，感受山与植物的呼吸”，这已经成为很多济南市民日常生活的一部分。

> “四面荷花三面柳，一城山色半城湖”，这句诗说的就是山、泉、湖、河、城交融的济南。如果说泉水是济南的灵魂，那么山则是这座城的脊梁和风骨。

> 济南的山体为泰山余脉。山地石质多为石灰岩，山上森林植被绝大部分是以侧柏为主的常绿针叶林，间有针阔混交林以及刺槐、黄栌等落叶阔叶林。野生植物资源非常丰富，种类达 437 种。

> 然而，济南的山上曾是满目灰色的疮痍。改革开放后，济南不少地方忽视生态环保，掠夺式发展，靠山吃山，挖山不止，导致山体破损严重，岩石裸露，寸草不生，严重影响了城市景观和生态。“那一块块裸露的山体，就像是城市发展中的伤疤，我们得用绿色将其永久愈合。”济南市园林局局长韩永军说，济南应该是一个“显青山，露绿水”的城市，要将绿色发展作为城市发展的底色。

> 据济南市国土资源局副局长付英介绍，经过普查，在济南绕城高速以内，有 126 座山体需绿化，其山体破损面有 1860 万 m^2，由于缺乏植被，有些山体还易发生自然灾害，对人民群众的生命财产安全造成威胁。

> 多年来，随着城市建设不断发展，城郊的山体逐渐进入城市，形成了山在城市中、城市抱山而发展的格局。由于缺乏绿化和基础设施，周边的居民守着大山，无处休闲健身，“守着馒头却饿着人”。

> 山体植被作为济南市城市绿地系统的重要组成部分，在改善生态环境质量，营造自然、优美、宜居的生态环境等方面，发挥着不可替代的作用。此外，济南因泉得名，而泉水源泉、藏于山中。山体覆绿，涵养水源，有助于济南保泉护泉，让泉水持续喷涌，供市民观赏和使用。

> “山是生态之基、民生之本、文化之根、泉水之源，做好‘山’这篇大文章，山、泉、湖、河、城联动发展才有连续性。”韩永军说，“山体生态修复迫在眉睫！”

> 为有效改善城市生态环境，保护城区山体，彰显泉城“山”的特色，2014 年，济南市启动山体绿化三年行动计划，目标是到 2016 年，绿化山体 70 余座，建设山体公园 25 处。截至目前，已经绿化山体 44 座，修建完成和正在建设的山体公园达 20 余处。

> “山体公园当然要依山而建，注重自然风貌、自然地形的保护，保护好山体的‘原生态’。”济南市园林局城市绿化指导处处长安吉磊说，在施工过程中，充分体现山体公园的本土化、

野趣化、自然化。充分保留、保护自然地貌和林地；以乡土树种为主营造山体绿化景观，大多数苗木来源于当地苗圃；不大面积铺装硬质地面；选用地方建材用于山体公园的设施建设，不采用高档、价格昂贵的建材。

山区本来就相对缺水，山区绿化以及后续的维护需要不少水资源。怎样解决这一难题？作为“海绵城市”试点地区之一，济南注重雨水就近使用收集和节水技术的应用，将海绵城市理念融入施工中。历下区园林局工作人员周克强介绍，在牧牛山山体公园建设过程当中，修建了雨水收集系统，充分利用雨水来解决山上植被的用水。

这么大体量的山体生态修复与公园建设，资金如何保障？据介绍，济南市坚持“政府主导、社会参与”的原则，采取“区筹市补、以奖代补”的方式，吸引社会资金参与，拓宽了融资渠道。目前，山体公园建设共投入资金约4亿元，其中，市财政投入资金9000万元，区财政投入2.4亿元，社会资金7000万元。

今年年初，住房城乡建设部公布2015年度中国人居环境奖及范例奖项目名单，济南市山体生态修复暨山体公园建设项目荣获人居环境范例奖，这也是2015年度唯一的城市生态修复获奖项目。

“山体覆绿，恢复生态，仅仅是山体绿化行动的第一步。”韩永军介绍，山体绿化最终是为了改善人居环境，让生活在这里的人们更加舒适。

“对于山体公园怎么建，周边群众最有发言权，从规划、设计到建设，群众都全程参与。”周克强说，建设接地气，才能受到群众欢迎。

牧牛山原先基础绿化很差，私垦菜地随处可见，部分山体裸露，风起见尘，严重影响周边居民的生活环境。自从历下区开展“为泉城增一抹绿色”专项行动、启动牧牛山山体公园建设后，李安然老人和几个“老伙伴”，每天雷打不动地到施工现场“监工”，看见修缮不到位的，就去给施工方提意见。

“群众比监理还严格，因为他们是山体公园的直接使用者，自然要求就高。”韩永军说，这符合他们一开始秉承的山体公园“共建、共享、共治”的理念，“山体公园的石凳也在他们的要求下，换成了木凳。”

“石凳坐着冰，还是木凳比较适合我们这些老年人。”李安然笑着说，没想到提的意见，不少都被采纳了。

历下区园林局先后栽植各类苗木1.5万株，建设游步道2000余米，建成后的牧牛山公园，一改往日的寒碜模样，翠绿的植物爬满山坡，成为周边居民的绿色氧吧。

除了完成这些“规定动作”，济南市还充分挖掘山体的历史文脉，丰富山体的人文景观，着力挖掘打造“一山一文化特色”。

卧虎山山体公园对卧虎山战争遗迹进行全面保护，形成一处集休闲、游览、回味历史于一体的景观。不少市民行至此处，不由得感慨万千。牧牛山山体公园建设时，参考宋朝普明禅师的《牧牛图颂》，制作大型石刻《牧牛图》，不仅给市民提供好的休闲环境，还给公园赋予了浓厚的文化底蕴。

记者在采访中看到，已经建好的山体公园，普遍丰富了山体植被，修缮了破损道路，完善了道路系统，加强了与城市道路联通，新建了山体出入口和健身活动场地。同时，增设垃圾箱、坐凳和导示牌等，提升了公园的服务功能，方便市民游玩。济南市正在逐步实现公园绿地500m服务半径达90%的目标，让越来越多的市民“推开家门就能进山体公园”。

参考文献

[1] 张文波，孙楠，李洪远．多层次生态修复实践模式及其理论探讨 [J]. 自然资源学报，2009,24（11）:2024-2025.

[2] 董世魁，刘世梁，邵新庆，黄晓霞．恢复生态学 [M]. 北京：高等教育出版社，2009.

[3] 周连碧，王琼，代宏文等．矿山废弃地生态修复研究与实践 [M]. 北京：中国环境科学出版社，2010.

[4] 赣州市建设局．建设海绵城市 促进生态文明 我市举办海绵城市建设专题知识讲座 [EB/OL]. http://www.gzdw.gov.cn/n289/n439/n11298201/c14091003/content.html.2015-09-18/2016-09-05.

[5] 卷首．邓小平论林业与生态建设 [J]. 内蒙古林业，2004（8）

[6] 沈烈风．破损山体生态修复工程 [M]. 北京：中国林业出版社，2011.

[7] 陈辉跃．闽南裸露山体整治与植被恢复技术初探 [J]. 亚热带水土保持，2007，19（1）:60.

[8] 李勇，杨学民，秦飞，柴湘辉．生态园林城市建设实践与探索・徐州篇 [M]. 北京：中国建筑工业出版社，2016，5:34-38.

[9] 陈秉钊．当代城市规划导论 [M]. 北京：中国建筑工业出版社，2003.

[10] 张影轩．生态城市的概念、原理与规划方法 [M]. 北京：中国林业出版社，2010.

[11] 陈丁钰，弓弼，折小园．特色园林城市规划与建设的相关问题研究——以汉中市为例 [J]. 西北林学院学报，2013，28（5）:221-222.

[12] 韩永军，王维霞．21 世纪济南城市发展的科学定位——由园林城市到山水城市 [J]. 山东园林，2002，1:9-11.

[13] 赵入臻．城市破损山体景观修复研究——以济南奥体中心为例 [J]. 山东建筑大学学报，2011（4）:379-382.

[14] 邢忠，余俏，靳桥．低环境影响规划设计技术方法研究 [J]，中国园林 2015（6）:51-52.

[15] 济南市城市园林绿化局，济南市园林规划设计研究院．济南市海绵城市绿地设计导则——山地与平原复合型城市绿地低影响开发雨水系统构建 [M]. 济南：山东科学技术出版社，2016.

[16] 高占平．北京山区生态退化与生态修复规划研究：[学位论文]．北京：首都师范大学，2009.

[17] 中国林业网．绿化降尘 筑起京津冀生态保护屏障 [EB/OL].http://www.forestry.gov.cn/main/72/content-716059.html.2014-11-08/2016-09-06.

[18] 5.22 国际生物多样性日 [EB/OL].http://baike.so.com/zt/shengwuduoyangxing.html?src=dr.

[19] 赵入臻．城市破损山体景观修复研究——以济南奥体中心为例 [D]. 济南：山东建筑大学，2012:5-8.

[20] 李洪远，鞠美庭．生态恢复的原理与实践 [M]. 北京：化学工业出版社，2004.

[21] 大众网．济南列出规划打响破损山体治理攻坚战 [EB/OL]. http://www.dzwww.com/dzwyc/ycxw/200706/t20070625_2309964.htm.2007-06-25/2016-09-23.

[22] 市水利局办公室．王文涛调研城区山体绿化和泉域重点强渗漏带保护工作 [EB/OL].http://www.jnwater.gov.cn/show.php?contentid=12902.2015-07-22/2016-09-20

[23] 新华山东．济南划定山体保护红线 完成 165 座破损山体治理 [EB/OL]. http://mt.sohu.com/20160419/n444872925.shtml. 2016-04-19/2016-08-26.

[24] 济南日报．我市今年出台山体保护管理办法 [EB/OL].http://www.jndlr.gov.cn/tabid/62/InfoID/29905/frtid/65/Default.aspx.2016-02-17/2016-09-23.

[25] 人民日报．济南大规模修复山体生态 摘得中国人居环境范例奖 [EB/OL]. http://www.chinanews.

com/sh/2016/02-06/7751258.shtml. 2014-02-06/2016-09-23.
[26] 济南日报 . 济南打响城区山体绿化攻坚战 [EB/OL].http://news.e23.cn/content/2014-04-04/2014040400343_3.html.2014-04-04/2016-09-23.
[27] 破损山体整治列出时间表 [EB/OL].http://www.sina.com.cn. 2005-11-23.
[28] 舜网 . 济南划定山体保护红线 完成 165 座破损山体治理 [EB/OL].http://heze.dzwww.com/sdxw/201604/t20160419_14167208.htm.2016-04-19/2016-09-21.
[29] 济南时报 . 济南划定山体红线 340 座青山禁止开采 [EB/OL]. http://news.focus.cn/jn/2016-04-22/10838464.html. 2016-04-22.
[30] 朱莉 , 李延成 , 张敬东 . 济南地区地被植物及野生地被资源的调查与应用 [J]. 山东林业科技，2004，2:19.
[31] 舜网 . 雨天过后图说济南“海绵”成果 三处山体公园蓄水量近 5 万立方 [EB/OL].http://news.e23.cn/jnnews/2016-06-15/2016061500552.html.2016-06-15/2016-09-21.
[32] 济南市规划局 . 我的泉城我规划，一城山水一城诗——济南 CBD 景观设计全解读 .
[33] 中国新闻网 . 济南大规模修复山体生态 摘得中国人居环境范例奖 . [EB/OL].http://www.chinanews.com/sh/2016/02-06/7751258.shtml. 2016-02-06 /2016-09-21.

>>

鸣谢

THANKS

本书在撰写过程中得到住房和城乡建设部城市建设司园林绿化处的专业指导，也得到了兄弟单位的大力支持和配合。同时要特别感谢济南市规划局牛长春、市国土资源局付英、市林业局郑兆亮、济南市规划设计研究院对本书相关部分内容的资料支持。也同时感谢济南百合园林集团有限公司对本书出版的大力支持。

另外，在专家指导方面，非常感谢能源基金会（中国）项目副总裁何东全对本书框架和内容的系统指导；同时，感谢同济大学建筑与城市规划学院景观学系张德顺教授在专业上提供的悉心指导。

>>>>>>>>>>>>>>>>>>>>>>>>>>>>>>>>>>>

图书在版编目（CIP）数据

助力城市绿色崛起——济南市山体生态修复实践与探索 / 济南市城市园林绿化局编. —北京：中国建筑工业出版社，2017.1
（城市生态修复系列丛书）
ISBN 978-7-112-20008-5

Ⅰ.①助… Ⅱ.①济… Ⅲ.①山－生态恢复－研究－济南 Ⅳ.①X171.4

中国版本图书馆CIP数据核字（2016）第251116号

>>>>>>>>>>>>>>>>>>>>>>>>>>>>>>>>>>>

责任编辑：李　杰
书籍设计：张悟静
责任校对：陈晶晶　张　颖

>>>>>>>>>>>>>>>>>>>>>>>>>>>>>>>>>>>

城市生态修复系列丛书

助力城市绿色崛起
——济南市山体生态修复实践与探索
济南市城市园林绿化局　编
*
中国建筑工业出版社出版、发行（北京海淀三里河路9号）
各地新华书店、建筑书店经销
北京锋尚制版有限公司制版
北京雅昌艺术印刷有限公司印刷
*
开本：880×1230毫米　1/16　印张：17　插页：2　字数：495千字
2016年12月第一版　　2016年12月第一次印刷
定价：218.00元
ISBN 978-7-112-20008-5
（29498）

>>>>>>>>>>>>>>>>>>>>>>>>>>>>>>>>>>>